**André Daiyû Steiner, Carolin Hefele und Christian Schmidkonz**

# Happiness im Business

André Daiyû Steiner, Carolin Hefele
und Christian Schmidkonz

# Happiness im Business

Zufriedene Mitarbeiter –
glückliche Manager –
erfolgreiche Unternehmen

WILEY

WILEY-VCH Verlag GmbH & Co. KGaA

**1. Auflage 2018**



**Bibliografische Information der Deutschen Nationalbibliothek**

Die Deutsche Nationalbibliothek verzeichnet diese Publikation in der Deutschen Nationalbibliografie; detaillierte bibliografische Daten sind im Internet über <http://dnb.d-nb.de> abrufbar.

**Gestaltung:** pp030 – Produktionsbüro Heike Praetor, Berlin
**Cover:** bauer-design, Mannheim
**Coverfoto:** degreez – fotolia.com
**Satz:** Lumina Datamatics
**Druck und Bindung:** CPI books GmbH, Leck

**Print ISBN:** 978-3-527-50937-9
**ePub ISBN:** 978-3-527-81765-8
**mobi ISBN:** 978-3-527-81766-5

10 9 8 7 6 5 4 3 2 1

Der Weg zum Glück:

Arbeitet, als würdet ihr kein Geld brauchen,
liebt, als hätte euch noch nie jemand verletzt,
tanzt, als würde keiner hinschauen,
singt, als würde keiner zuhören,
lebt, als wäre das Paradies auf der Erde.

(Fernöstliche Weisheit)

# Inhaltsverzeichnis

# Vorwort

Willst du immer weiter schweifen?<br>
Sieh, das Gute liegt so nah.<br>
Lerne nur das Glück ergreifen:<br>
Denn das Glück ist immer da.

*Johann Wolfgang von Goethe*

»Happiness« und »Business« – die Kombination dieser beiden Begriffe führt gerne zu Stirnrunzeln: Wie soll das zusammenpassen? Kann das überhaupt zusammenpassen – Glück und Geschäfte machen? Das schließt sich doch eigentlich gegenseitig aus, oder? Und: Darf es überhaupt zusammenpassen?

Wirtschaft und das »Geschäfte machen« haben einen nicht allzu guten Ruf in der Gesellschaft. Glück schon eher. Nur wenige Menschen bringen die beiden Themen jedoch zusammen. Inzwischen gibt es dennoch immer mehr Unternehmen, in denen sich Chefs und Mitarbeiter beispielsweise Gedanken dazu machen, wie sie die viele Zeit, die sie an ihrem Arbeitsplatz verbringen, glücklicher und sinnvoller gestalten können. Google mag hier als einer der bekannteren Vorreiter gelten. Bereits seit vielen Jahren können sich Mitarbeiter dort im Rahmen von Trainings auf die Spur des persönlichen Glücks begeben. Gerade in der Technologiebranche gibt es zahlreiche Unternehmen, die in diesem Zusammenhang beispielsweise Achtsamkeitsschulungen anbieten. Auch einige wenige kleinere Unternehmen, wie beispielsweise die Sparda Bank in München, arbeiten mit den Erkenntnissen der Glücksforschung. Und es gibt Unternehmen, wie Patagonia, die schon seit Jahrzehnten eine Unternehmensphilosophie des bewussten Wirtschaftens vertreten, die heute von mehr und mehr Unternehmen wenigstens in Teilen kopiert und ähnlich verfolgt wird.

Wir sind natürlich überzeugt, dass die beiden Themen Wirtschaft und Glück nicht nur zusammenpassen, sondern auch zusammengehören. Jeder Mensch befindet sich tagtäglich auf der Suche nach dem Glück. Und jeder Mensch ist in irgendeiner Form ein Akteur der Wirtschaft. Gerne wollen wir mit diesem Buch einige Inspirationspunkte bieten, die zum Weiterdenken anregen und vielleicht sogar zu einem anderen

Handeln führen. Wir haben uns dazu entschieden, bevor wir zum Thema »Glück und Wirtschaft« kommen, etwas auszuholen und bei der Reise durch das Buch das Thema Wirtschaft zunächst etwas in den Hintergrund treten zu lassen. Denn wir sollten zunächst ein gemeinsames Verständnis von Glück schaffen, bevor wir dann in die Welt der Wirtschaft eintauchen. Zumindest in den seit Jahren durchgeführten Kursen »Erfolgsfaktor Glück« an der Munich Business School, hat sich dieser Weg bewährt – und wir wünschen uns, dass dies auch für dieses Buch gilt.

Wir starten unsere Reise im ersten Kapitel also mit einer Betrachtung des Glücks aus philosophischer Perspektive. Sie werden dort einige Geschichten und Gleichnisse finden, die Sie vielleicht dazu anregen, über Ihre Sichtweise auf das Glück nachzudenken. Anstatt die wichtigsten Vertreter aus der Glücksphilosophie nacheinander »durchzugehen« lassen wir sie in einem Theaterstück aufeinandertreffen. Natürlich schreiben wir auch über zumindest unsere Sichtweise von Glück, wie wir sie auch in den Folgekapiteln verwenden werden (und wie sie von vielen geteilt wird, aber natürlich nicht geteilt werden muss).

Im zweiten Kapitel führt uns die Reise in den Kosmos der Psychologie und Neurowissenschaften. Als Kernstationen haben wir hier nicht nur die positive Psychologie, sondern vor allem auch die Welt der Gefühle ausgesucht. Wir beschäftigen uns darüber hinaus mit der Frage, wer eigentlich bestimmt, wohin wir auf unserer Reise zum Glück überhaupt gehen? Dabei gilt es einen Blick in die faszinierende Welt des Priming zu werfen, uns aber auch mit der Physiologie und Neurologie zu beschäftigen. Bevor wir Ihnen dann einige Wegweiser auf der Reise zum Glück mitgeben wollen, machen wir auch noch einen kurzen Ausflug zum Lachen. Denn natürlich hat auch Lachen mit Glück zu tun – und kommt beim »Business« doch viel zu selten vor.

Womit wir beim dritten Kapitel des Buches wären, welches mit einer Reise zu den Ländern beginnt, in dem die glücklichsten Menschen der Welt leben. Hier räumen wir mit dem einen oder anderen Missverständnis insbesondere im Zusammenhang mit Bhutan auf und schauen uns aber auch in unserer naheliegenden Umgebung um. Wie glücklich sind wir in Deutschland eigentlich und wie ist es im Vergleich mit anderen Ländern um unser Glück bestellt?

»Happiness sells« ist die Überschrift eines weiteren Unterkapitels. Wir widmen uns dort insbesondere der Frage, inwiefern Konsum glücklich macht oder eben nicht. Natürlich werfen wir dabei auch einen Blick auf die Rolle des Geldes im Zusammenhang mit Glück. Doch wir wollen darüber nicht nur aus der Sicht eines Konsumenten schreiben, sondern auch zeigen, wie Unternehmen ihre Produkte auf der Basis von »Glücksprinzipien« verkaufen (können). (Manche Studenten im Glückskurs nennen dieses Kapitel übrigens auch »Die dunkle Seite des Glücks«. Urteilen Sie selbst.)

Anschließend führt unsere Reise noch in die Welt der Arbeit, und wir werden uns unter anderen damit beschäftigen, wie Arbeit gestaltet werden kann, so dass sie als sinnvoller wahrgenommen wird und sich letztendlich das individuelle Glücksniveau steigern lässt. Tatsächlich stehen wir hier offensichtlich noch am Anfang, denn weltweit gehen die meisten Menschen nicht gerne zur Arbeit. Tatsächlich werden Sie sehen, dass Sie hier sehr viel selbst in die Hand nehmen müssen und können. Und zwar unabhängig davon, welchen Job Sie haben und in welcher Position Sie ihn ausüben.

Unsere Reise endet mit einem Kapitel, in dem wir Ihnen die interessantesten Übungen vorstellen wollen, die Sie selbst praktizieren können und die Ihnen dabei helfen sollen, Ihr Glück zu finden. Die Übungen sind natürlich Angebote und entfalten ihre volle Wirkung nur dann, wenn sie regelmäßig durchgeführt werden. Gerne wollen wir Sie mit dem Buch dazu motivieren, sich die eine oder andere Übung auszusuchen und diese tatsächlich intensiv und regelmäßig zu praktizieren. Beobachten Sie, was mit Ihnen passiert und ob Sie sich dem Glück näher fühlen. Selbstreflexion ist hier eine mitentscheidende Aufgabe, die zum Erfolg der Übungen beiträgt.

Wir haben das Buch so geschrieben und aufgeteilt, dass sich auch einzelne Teile daraus lesen lassen – vielleicht sogar immer wieder mal. Suchen Sie sich Abschnitte raus, deren Themen Sie gerade bewegen und nutzen Sie sie als Inspiration für eigenes Handeln. Jeder Mensch ist anders – und doch sind wir alle Menschen. Wir wünschen Ihnen eine gute Reise!

*André Daiyû Steiner, Carolin Hefele, Christian Schmidkonz*
Im September 2017

# Kapitel 1: Eine Einführung in das Glück

Sind Sie glücklich oder haben Sie Ihr Glück gefunden? Jagen Sie nach dem Glück in der Partnerschaft, im Job, ganz allgemein im Leben? Können Sie ohne Glück nicht leben? Die Fragen lassen sich beliebig erweitern. Glück ist in aller Munde und doch hat es für jeden eine andere Bedeutung. Wir können dem »Glück« gar nicht aus dem Weg gehen. Selbst an Litfaßsäulen oder Tankstellen versprechen uns Werbebotschaften Glück und Zufriedenheit. Ist Glück ein Geburtsrecht? Zumindest neigen viele Menschen der heutigen Zeit dazu, Glück für etwas zu halten, auf das jeder Einzelne ein Anrecht hat. Und wenn das Glück nicht erscheint, werden Forderungen an die eigenen Eltern oder an die Gesellschaft gerichtet, für ein besseres Leben zu sorgen. Und wenn dies auch nicht erfolgt, dann sollen doch die Pharmakologie und Medizin das Unglück heilen oder lindern.

Wir nehmen dies zum Anlass, Ihnen gleich zu Beginn des Buches unsere Vorstellungen über Glück mitzugeben. Wir verfolgen mit unseren Ausführungen keinen schnellen Weg zum ewigen Glück, kein ständiges Wohlgefühl, keine »Glückshysterie«, sondern wollen fundiert die verschiedenen Bereiche des Themas im Kontext von Wirtschaft und Management näherbringen.

Wir sprechen also oft das Wort »Glück« aus und doch sind wir nicht wirklich sicher, was es eigentlich bedeutet. Der in der Glücksforschung bekannte israelisch-US-amerikanische Psychologe Daniel Kahneman formuliert es treffend: »Auf viele Fragen zur eigenen Person haben die Menschen sogleich Antworten zur Hand: Sie kennen ihren Namen, ihre Adresse und ihre Parteizugehörigkeit. Im Allgemeinen wissen sie allerdings nicht, wie glücklich sie sind, und wenn ihnen diese Frage gestellt wird, müssen sie sich erst eine Antwort ausdenken.« Wir als Autoren haben uns mit dem Thema Glück aus unterschiedlichen Perspektiven angenähert. Bevor wir uns aber mit Glück und der Glücksforschung beschäftigten, war zuerst das Leid, die Krise, das Problem oder gar das Unglücklichsein da. Seien es Klienten, die zu uns zum Coaching, zur Therapie oder Beratung kamen oder auch Studenten an der Universität, die uns konfrontierten mit dem, was sie nicht mehr wollten, viele Klagen und Leid, keine Ausrichtung und vage Ziele. Das Schlechte soll weggehen, viel, das nicht mehr sein soll. Unsere ganze Welt ist tendenziell eher auf negative Aspekte und Interaktionen ausgerichtet. Der kollektive Fokus ist Angst. Das Gefühl von Angst liegt sehr weit weg vom Gefühl des Glücks. Es gibt auch wesentlich mehr wissenschaftliche Beiträge über Trauer und andere schmerzhafte Erfahrungen als über Glück. Aber was soll das konkret sein? Was ist das, was hinter den Begriffen von besser, fröhlicher, glücklicher steckt? Worum soll es wirklich im Leben gehen? Schweigen – fällt Ihnen etwas dazu ein? Was ist also Glück, oder anders formuliert, was ist ein erfülltes Leben? Die folgende kleine Übung, die Wunderfrage, die vom US-amerikanischen Psychotherapeut und Autor Steve de Shazer[1] entwickelt wurde, ist ein guter Beginn sich an die verschiedenen Aspekte dieses Buches anzunähern.

**Die Wunderfrage:**

Über Nacht geschieht ein Wunder, Ihnen wird das Glück im Schlaf geschenkt. Da Sie tief und fest geschlafen haben, blieb dieses Geschehen von Ihnen unbemerkt. Nun wachen Sie am Morgen nach dem Wunder auf. Woran merken Sie als Erstes, dass sich ein Wunder ereignet hat? Was ist anders? Was ist in Ihren Gedanken, was tun Sie, was können andere beobachten? Beschreiben Sie diesen Tag nach dem Wunder.

Schnell sind wir dabei zu urteilen, was nun Glück ist und was nicht. Wir werden in diesem Buch verschiedene Facetten von Glück beleuchten, hinterfragen und dazu Ihnen auch immer wieder Geschichten erzählen. Wir wollen mit einer Geschichte über einen Bauern in einem chinesischen Dorf beginnen.

**Eine chinesische Geschichte[2]:**

*Ein Bauer lebte mit seinem Sohn in einem abgeschiedenen Dorf. Seine Kräfte ließen nach, und er galt als ein armer Mann und hatte nicht viel zu beißen. Sein Sohn war seine einzige Hilfe Tag und Nacht, und auf ihn konnte er sich verlassen.*

*Eines Tages ging er in den Wald, um Beeren zu sammeln, und als er zurückkehrte, brachte er ein Wildpferd mit, welches er eingefangen hatte.*

*»Oh, welch ein Glück«, riefen seine Nachbarn aus. Nun kann er das Pferd zähmen und vor den Pflug spannen, Getreide anbauen, und er wird Brot in Fülle haben. Der Bauer aber schüttelte den Kopf: »Urteilt nicht, ob das ein Glück ist, wissen wir nicht. Die Zeit wird es herausbringen.«*

*Eines Abends, nach getaner Arbeit stellte er dieses prachtvolle Tier – wie gewohnt – auf die kleine Koppel hinter seiner bescheidenen Hütte. Als er am nächsten Morgen nach dem Tier schauen wollte, musste er jedoch feststellen, dass es über Nacht ausgebrochen und davongelaufen war.*

*Als die Bauern aus der Nachbarschaft davon hörten, eilten sie herbei und sprachen zu dem armen Bauern, wie sie ihn bedauerten und was für ein Unglück ihm doch geschehen sei.*

*Doch der Bauer entgegnete: »Urteilt nicht, ob das ein Unglück ist, Die Zeit wird es herausbringen.«*

*Nach zwei Tagen, als der arme Bauer vom Feld heimkehrte und die Sonne schon halb vom hügeligen Horizont verdeckt war, stand plötzlich der Hengst wieder grasend vor der Hütte. Und an seiner Seite standen ein Dutzend prächtige Wildpferdstuten im gleißenden Lichte der letzten Sonnenstrahlen.*

*Am nächsten Tag kamen wieder die Nachbarn des Bauern, um ihn zu seinem großen Glück zu gratulieren. Der Bauer reichte ihnen Tee und sagte nur, »Urteilt nicht, ob das ein Glück ist, die Zeit wird es herausbringen«.*

*Gleich machte sich der Sohn des Bauern daran, eine der wilden Stuten einzureiten, damit sie gut verkauft werden konnte. Doch das Tier gebärdete sich äußerst furios und unnachgiebig und warf den jungen Mann zu Boden, wobei er sich ein Bein brach.*

*Wieder eilten die Nachbarn herbei, die schnell davon erfuhren und klagten zum Bauern, was das doch für ein Unglück für ihn sei, auch dass jetzt sein Sohn für eine Zeit nicht auf dem Acker arbeiten könne. Doch der arme Bauer sagte dazu nur »Urteilt nicht, ob das ein Unglück ist, die Zeit wird es herausbringen«.*

*Doch bald machte sich die Kunde breit, dass der König dem Nachbarn ganz oben im Norden den Krieg erklärt hat und die Häscher des Königs unterwegs sind, um alle jungen Männer zum Kriegsdienst zu zwingen. So kamen sie auch in dieses Dorf und nahmen die jungen Männer mit, in den mörderischen Krieg. Doch des Bauern Sohn wollten sie nicht haben.*

*Wieder kamen des Bauern Nachbarn herbeigeeilt, um ihm zu sagen, was er doch für ein großes Glück habe, dass sein Sohn nicht mit in den mörderischen Krieg müsse, da sein Bein gebrochen ist. usw. usw. usw.*

## 1.1 Eine ganz kurze Geschichte des Glücks

Ist das Streben nach Glück ein Urzustand des Menschen? Hat sich der Mensch seit Anbeginn mit der Frage nach Glück und den Wegen zum Glück auseinandergesetzt? War der Homo sapiens (lat. für »verstehender, verständiger« bzw. »weiser, gescheiter, kluger, vernünftiger Mensch«) auch ein Homo fortunatus oder beatus – ein glücklicher Mensch oder sich der Dimension Glück und der Wege zum Glück bewusst? Schauen wir uns zuerst die Evolutionsgeschichte an.

Unsere Erde, selbst etwa 4,5 Milliarden Jahre alt, ist seit ungefähr 3,5 Milliarden Jahren, so zeigen die frühesten Fossilienfunde, Heimat von Lebewesen. Nach diesen einfachen ersten Lebensformen bevölkerten über drei Milliarden Jahre hinweg nur mikroskopisch kleine Einzeller, Viren, Bakterien und Protozoen die Erde. Zunehmend komplexer werdend, benötigten diese Einzeller vor etwa 600 Millionen Jahren eine Möglichkeit der Kommunikation zwischen Sinnesapparat und motorischen Systemen – dies ist die Geburt unseres Nervensystems. Das System hat sich im Verlauf von 600 Millionen Jahren weiterentwickelt, immer weiter verfeinert. Die ersten Säugetiere lebten etwa vor 80 oder 100 Millionen Jahren, die ersten Primaten etwa vor 60 Millionen Jahren, und die ersten Hominiden, unsere allerersten menschlichen Vorfahren, vor 2,5 Millionen Jahren. Unsere Gehirne heute sind dreimal so groß wie das Gehirn eines solchen Hominiden, aber es reichte damals aus, um Steinwerkzeuge zu erfinden und herzustellen. Der Homo sapiens schließlich tauchte vor 300 000 bis 150 000 Jahren auf. 100 000 Generationen trennen uns also von den ersten Hominiden – währenddessen nahm die Evolution weiter ihren Lauf, und das war auch in den letzten Jahrtausenden nicht anders.

Unsere Vorfahren, zahlreichen Bedrohungen ausgesetzt, mussten Wege finden, mit diesen Gefahren wie auch mit Chancen (zur Weiterentwicklung) umzugehen. Und so entwickelten sich innerhalb des Nervensystems zwei Systeme, beide gesteuert vom Gehirn: eines, um Gefahren zu vermeiden und eines, um Gelegenheiten zu nutzen. Diese zwei Systeme haben wir gemein mit Würmern, Fröschen, Fischen, Eidechsen, Krokodilen und vielen anderen Arten. Wir alle suchen das Gute, Belohnungen, sowie meiden das Schlechte und Gefahren, soweit möglich. Ein drittes System entstand in den letzten 82 Millionen Jahren, ein großer evolutionärer Durchbruch befähigt seitdem Tiere (und uns Menschen) zu partnerschaftlicher Bindung. Dies kann man an Vögeln und Säugetieren beobachten, die relativ zu ihrem Körpergewicht ein größeres Gehirn haben als Reptilien und Fische: Sie gehen Paarbeziehungen ein und ziehen ihre Jungen groß, während weniger entwickelte Eltern sich kaum um ihren Nachwuchs kümmern, ihn teils sogar auffressen. Weiter entwickelt ist die Beziehungsfähigkeit dann bei den Primaten, sie leben in sozialen Bindungen – und direkt proportional zu ihrem Sozialleben ist auch ihr Gehirn gewachsen. Der Mensch schließlich ist das Tier mit der größten Bindungs- und Liebesfähigkeit. Bei allen Konflikten, zu denen wir auch fähig sind, zeichnet uns dies aus: Wir leben in Beziehungen – familiären, freundschaftlichen, Liebesbeziehungen … – und finden als Stämme, Clans und Nationen zusammen. Die Geschichte zeigt, dass es unseren Vorfahren vor über 300 000 Jahren beginnend in erster Linie um das Überleben ging. Das Gehirn hat sich so entwickelt, dass es gefährlichen, negativen Dingen viel mehr Aufmerksamkeit gab und diese Erfahrungen auch sofort ins Langzeitgedächtnis abgelegt hat. So ist Glück gemäß dem Berliner Arzt mit Spezialgebiet Neurologie und Kabarettist Eckhart von Hirschhausen ein Nebenprodukt der Evolution. Seine Definition von Glück basiert rein auf einer naturwissenschaftlichen Perspektive – es ist ein Cocktail von Hormonen im Blut wie Endorphine und Botenstoffe wie Dopamin und Serotonin, welches mit guten Gefühlen einhergeht. Glücksgefühle belohnen den Menschen, wenn er sich der Fortpflanzung und Arterhaltung hingibt. Essen und Sex machen Spaß, aber sie halten nicht die ganze Zeit an. Sicher gab es auch glückliche Neandertaler. So hatten die nach dem Verzehr einer Mammutkeule oder nach einem Orgasmus Freude. Doch lauerten da auch immer Gefahren. Wir stammen wohl eher von den Vorfahren, den »Ötzis« ab, die mehr in der Höhle blieben. Die Abenteurer wurden nämlich sicher oft von Säbelzahntigern gefressen. So erfanden unsere Vorfahren auch Mythen und Aberglauben über Glück, die bis heute noch aktuell sind. So soll es Glück bringen, wenn man von Vogeldreck getroffen wird, oder wenn man einen Schornsteinfeger, ein vierblättriges Kleeblatt, einen Fliegenpilz oder gar ein Schwein sieht. In den Höhlen unserer Ahnen wurden auch die ersten Glücksbringer und Talismane hergestellt und so wünschte man sich gegenseitig und sich selbst Glück.

In der Antike – ganz besonders mit Sokrates, Platon, Aristoteles oder auch Seneca – wurde Glück auf die Traktandenliste gesetzt. Es wurde debattiert und philosophiert, was das wahre Glück ist und der Aspekt des Glücks der Fülle wurde geboren. Im Mittelalter wurden Glück und Vernunft eng mit der christlichen Theologie verbunden und erst im 18. Jahrhundert, während der Aufklärung, entstanden die ersten zarten Pflänzchen einer Art Glückswissenschaft. Diese diente aber in erster Linie der systematischen Produktion von Lust und der Frage nach einem Recht auf Glück. Kant warf das Glück aus der Moralphilosophie wieder hinaus. Die Glückserklärer aus Antike und Moderne, aus Religion und Wissenschaft lassen wir dann später in unserem himmlischen Theaterstück sprechen.

## 1.2 Der Glücksbegriff

### Die Frage nach dem Glück

»Glück ist Zufall der auf Bereitschaft trifft«

*Unbekannt*

Wovon reden wir, wenn wir vom Glück sprechen? Bei dem Begriff Glück haben wir sofort eine Vorstellung, ein vages Gefühl, ja, Glück! Für ein gutes Verständnis dieses Buches ist es aus unserer Sicht wichtig, Ihnen Definitionen über Glück mit an die Hand zu geben. Es gibt unterschiedliche Vorstellungen der Begrifflichkeiten. Wir stellen Ihnen hier unsere Glücksbegriffe vor:

**Glück** (griechisch »eudaimonia« – einen guten Dämon, einen guten Geist in sich haben, lateinisch »beatitudo«) kommt aus dem mittelhochdeutschen Wort *gelücke*. Es beschreibt ein Gefühl der Harmonie, einen Zustand des inneren Einklangs von Wunsch und Befriedigung. Einzelne günstige Umstände (in unserer Definition das Zufallsglück), aber auch das günstige Zusammentreffen von inneren Tendenzen mit äußeren Umständen (bei uns das Wohlfühlglück) und die Freude über solche gute Fügung. Das Glück (bei uns das Glück der Fülle und Eudaimonie) als Glücksgefühl hat seine Ursache weniger in den Glücksgütern, die nicht notwendig zu Glücksgefühlen führen, sondern in der eigenen Glücksfähigkeit, die vom äußeren Besitz und Schicksal weitgehend unabhängig ist und auch durch das Streben nach Glücksgütern nicht erreicht wird.

Andere Begriffe für Glück sind u. a.: Freude, Wonne, Zufriedenheit, Glückseligkeit, Erfüllung.

**Zufallsglück – oder wenn das Glück einem »zufällt«**

Wir wünschen »viel Glück!«, erfreuen uns »Glück gehabt!« zu haben und leben in der Hoffnung, dass uns und anderen doch etwas Gutes widerfahren mag oder zumindest allzu Schlechtes ausbleibe! Hatten Sie schon mal »Glück im Unglück«?

Der Philosoph Wilhelm Schmid bezeichnet das Eintreten einer erwünschten Fügung als »Zufallsglück«. Entsprechend der Attributionstheorie handelt es sich hierbei um externale, variable Ereignisse, also Erfahrungen, die außerhalb von uns liegen und wenig beeinflussbar sind. Es fällt uns in den Schoss – oder eben nicht. Was wir nun als glücklichen Umstand oder Glück im Unglück bezeichnen, bleibt dabei letztendlich unserer eigenen Interpretation überlassen. Wir glauben zu wissen, ob etwas nun Glück oder Unglück ist. Welchen Einfluss unsere Bewertungsmuster auf unser Erleben und Wohlergehen haben, werden wir später noch genauer betrachten. Dieses Eintreten von glücklichen Ereignissen ist letztendlich ein auf den Moment bezogenes Glück. Nicht nachhaltig, nicht beeinflussbar. Wir wünschen und erhoffen uns diese glücklichen Fügungen. Dieses Zufallsglück verbessert unser Leben aber nicht automatisch, macht uns nicht wirklich zu glücklicheren Menschen. Im Gegenteil, es verschlechtert eher die Bereitschaft sich mit dem eigenen Leben auseinanderzusetzen, was für ein nachhaltiges Glücksempfinden wesentlich ist. Nach Schmidt ist es uns aber durchaus möglich, eine innere Haltung von

Offenheit einzunehmen, um für glückliche Fügungen empfänglicher zu werden. Wir können das Zufallsglück damit in gewissem Maße anziehen oder uns vor ihm verschließen.

### Wohlfühlglück – oder ein Leben auf der Sonnenseite

Der erfolgreiche Topmanager Herr R. sitzt auf der Dachterrasse im Luxushotel am Hafen von Monaco, in der linken Hand ein Glas Dom Perignon, in der rechten eine kubanische Phantom 4, auf dem Tisch Häppchen mit Hummer und Kaviar, an seiner Seite eine attraktive Blondine mit Schoßhündchen Daisy, den Blick auf seine neue Yacht im Hafen gerichtet. Ist dies Glück?

Wir leben in einer Gesellschaft, die nach diesem »Wohlfühlglück« strebt. Erfolg, gute Gefühle, Lust, Euphorie, Ekstase – das Leben als Aneinanderreihung von überschwänglichen Glücksmomenten, ein Glück jagt das nächste, höher, weiter, schneller, glücklicher. Die Suche nach dem immerwährenden Kick. Das hedonistische Glück im besonderen Momenten zu finden, verbunden mit Freude und Genuss, ist Bestandteil von Wohlbefinden. Euphorische Momente zählen allein durch den besonderen Hormoncocktail zu den Zuckermomenten des Lebens. Die Gefahr besteht allerdings darin, das ganze Leben mit einem anhaltenden Zustand an Wohlfühlglück zu verwechseln und geradezu in einen Glücksstress zu geraten. Denn wie das Zufallsglück ist dieses Glückserleben eine episodische Erfahrung, ein Moment, ein Augenblick – manchmal auch nur ein Wimpernschlag. Wir erleben starke Hochgefühle, reiten auf einer Welle, das Leben scheint phantastisch. Die Kehrseite ist der Absturz in Leid, unter die Welle zu geraten, in die Tiefe gerissen, eine Ablehnung und Bedrohung von Scheitern und negativen Gefühlen bis hin zur völligen Erschöpfung und zum Verlust von Lebenssinn. Zudem kommt es mit der Zeit zur Entstehung einer »hedonistischen Tretmühle« – wie beim Drogenkonsum gewöhnen wir uns auch an die Dosis, die uns zunächst zu Wohlfühlglück führt. Wir brauchen immer mehr Kaviar, immer größere Yachten, noch aufregenderen Sex um ähnliches Glück zu erfahren. Die Suche nach dem permanenten Rausch ist der sicherste Weg zum Unglück. Doch wie und warum aussteigen, wo man doch gerade eben ganz oben auf der Welle ist, und dort kommt schon die nächste, noch höher …? Auszeiten, bei denen sich die Lust wieder erholen muss, scheinen für den modernen Menschen einfach unerträglich.

Mit diesem Wohlfühlglück ist der Begriff der Freunde eng verknüpft: Freude kommt aus dem mittelhochdeutschen *vröude*, was so viel wie »froh« bedeutet. Es bedeutet das dauernde oder vorübergehende Hochgestimmtsein der Seele/Geist und ist das Gegenteil von Traurigkeit.[3]

**Glück der Fülle – Das Glück der Tiefe ohne Mangel**

Wie ist es nun zu finden, ein anhaltendes Glück? Was bedeutet es »glücklich erfüllt« zu leben? Wenn wir Glück als anhaltendes, stabiles Lebensgefühl betrachten, geht es um ein zurückhaltendes, eher stilles Gefühl, viel mehr eine Grundstimmung von Glück. Es ist die Ruhe im Ozean unter den Wellen. Eine Form tiefen, inneren Friedens und heiterer Gelassenheit. Dieses Glück zeigt sich relativ unbeeindruckt von äußeren Lebensumständen, es liegt also in uns, stabil. Es ist die innere Haltung, die den Unterschied macht. Es entspricht eher einer Grundzufriedenheit, einem »Zufriedenheitsglück«. Letztendlich ist es die Bereitschaft das Leben in seiner ganzen Fülle anzunehmen. Dem was Alexis Sorbas (im Roman von Nikos Kazantzakis) als »ganze Katastrophe« bezeichnet mit einer gewissen Leichtigkeit zu begegnen, das Leben so zu nehmen, wie es ist, es zu lieben. Es entspricht dieser »heiteren Gelassenheit«, nach welcher in der heutigen Zeit doch so viele suchen, mit einem Bewusstsein, dass in allem, was ist, immer noch etwas anderes ist. Kann ich wirklich einverstanden sein mit dem gesamten Leben, mit allem? Gelassenheit ermöglicht nach Wilhelm Schmid »das Gewährenlassen auch des Abgründigen und Widersprüchlichen, der Angst im Kontrast zum frei sein von ihr, des Schmerzes im Kontrast zur Lust, des Leids im Kontrast zur Freude, des Todes im Kontrast zum Leben«. Heiterkeit als geistige Haltung, die der Fröhlichkeit genauso viel Beachtung schenkt wie der Traurigkeit.

Dabei ist auch Unglück Bestandteil dieser Erfahrung. Es bedeutet, sich der Tragik von Leben und Welt nicht zu entziehen und darin nicht unterzugehen. Ein erfülltes Leben umfasst eben auch die Seite des Unangenehmen, schwierige Gefühle und Schmerz. Menschen, die unter extremen Bedingungen diese Art von Glück beschreiben sind zum Beispiel Viktor Frankl und Anne Frank. Sie schreibt bevor sie abgeholt wird: »Ich lasse mir doch von diesen Nazis nicht das Glück wegnehmen, wenn ich rausgucke und sehe wie der Baum wieder ausschlägt.«

Kennen Sie Phasen Ihres Lebens, in denen es einfach fließen konnte? Das Glück der Fülle findet sich in der Balance zwischen verschiedenen Empfindungen und Polaritäten. Ein Glück das im Moment wenig sichtbar erscheint, wenig spektakulär, womit man nicht posen kann und welches nicht direkt zu messen ist. Ein Glück, das uns erst im Nachklang deutlich wird, dann wenn wir erkennen, wie wir uns selbstvergessen dem Leben hingegeben haben, »Flow« erlebten. Könnten wir tatsächlich glücklich sein ohne es in diesem Moment wirklich zu merken? Die Heiterkeit (griechisch »euthymía«, lateinisch »beatitudo«) und Gelassenheit sind mit dieser Art des Glücks sehr wesensverwandt.

In diesem Buch wollen wir uns vor allem dem letztgenannten, dem Glück der Fülle zuwenden. Es soll darum gehen, wie wir eine länger anhaltende tiefe Glückserfahrung ermöglichen, kultivieren und speziell in unserem beruflichen Umfeld bewahren und verwirklichen können. Es soll aber nicht unerwähnt bleiben, dass auch die anderen Erfahrungen von Glück nicht verzichtbar sind. Zufalls- und Wohlfühlglück sind episodisch wunderbar, wertvoll und können zur Kultivierung eines Glücks der Fülle einen wertvollen Beitrag leisten. Wir halten Ausschau nach einem nachhaltigen Gefühl von Glück und genießen gleichzeitig die besonderen Zuckermomente des Lebens. Dabei wird es immer wieder darum gehen, eine Balance zu finden, in allen Polaritäten des Lebens. Wie im Grunde ein so einfacher Aspekt wie der Atem dabei helfen kann, werden wir noch veranschaulichen.

## Bad luck und Melancholie

»Alles Unglück der Welt rührt daher,
dass die Menschen nicht in ihren Wohnungen bleiben.«

*Blaise Pascal*

Einer der führenden, mittelständischen Bettdeckenhersteller, die Firma Sanders hat kürzlich zwei Produktionsstandorte in Deutschland geschlossen, über 600 Arbeitsplätze abgebaut und lohnintensive Arbeitsschritte in die Ukraine ausgelagert. Somit kann Sanders auf gleicher Augenhöhe wie die asiatische Billigkonkurrenz agieren. Der Firmenchef Sanders spricht dabei vom »Glück im Unglück«. Denn durch diese drastischen Maßnahmen erhielt er einen Großauftrag eines großen skandinavischen Möbelhauses. Gibt es ein Glück im Unglück? Wenn wir von Zufallsglück sprechen, dann gibt es auch ein Zufallsunglück – eine Umkehrung einer erwünschten Fügung. Unglücke begleiten unseren täglichen Alltag – keine Nachrichten, keine Zeitung, die nicht über Naturkatastrophen, Unfälle oder einfach von Pech berichten.

Doch wie sieht es mit dem Unglücklichsein aus? Was bedeutet unglücklich zu sein? Ist ein Glücklichsein möglich, bei dem das Unglücklichsein nicht ausgeschlossen, sondern mit einbezogen werden kann? Weit verbreitet in unserer Kultur ist das Traurigsein, die Melancholie, die Schwermut. Wilhelm Schmid spricht sogar von der »kommenden Epoche der Melancholie«. Dabei ist die Melancholie geprägt durch eine übergroße Sensibilität um nicht mehr endender Besinnung und Selbstbesinnung. Die Melancholie gibt uns das Gefühl der Brüchigkeit, der Vergänglichkeit, was wir Menschen alles erschaffen und wie schnell es wieder zerstört ist. Das Glück der Fülle braucht aber das tiefe Bewusstsein der Abtrünnigkeit des Lebens, wenn wir nicht in Gefahr laufen wollen, nur oberflächlich zu leben. So kann die Melancholie gerade als eine Lebensphilosophie verstanden werden, die das Traurige nicht verdrängt und ausschließt, sondern annimmt. Gerade dies kann zur Grundlage eines tief erfüllten Lebens werden.

Viele Menschen machen sich Vorwürfe, wenn sie unglücklich sind – es fehle ihnen etwas und sie wären den Anforderungen eines glücklichen Lebens nicht gewachsen. Dies führt leicht zu einer Glückshysterie, einer Diktatur des Glücks und Menschen werden unglücklich, nur weil sie glauben, glücklich werden zu müssen. Doch wir Menschen brauchen eine gewisse Menge an Unglücklichsein, die uns übrigens die Liebe zuverlässig liefert. Auch Sex macht zweifellos glücklich, aber »häufiger als seine Anwesenheit ist seine Abwesenheit, die jedenfalls den unglücklich macht, der auf seine Anwesenheit hofft«, so Wilhelm Schmid.

Die stressigen Umstände des modernen Lebens, Arbeitens und Liebens zehren an den Lebenskräften – so werden die letzten Reserven mit der Aussicht auf Glück mobilisiert. So wird ein neuer Stress erzeugt – der Glücksstress. Der Ökonom Francis Edgeworth trieb den Glücksstress in ganz neue Dimensionen. Mit seinem Hedonimeter[4] wollte er den

Grad der Zufriedenheit eines jeden einzelnen Menschen bis zum kleinsten Detail messen. Trost kann uns die Welt durch die Brille der Melancholie zu sehen, spenden. Gerade die Schwermut oder die aus ihr entstehenden Gedankenprozesse entziehen uns aus jedweder ökonomischen Verwertbarkeit, so ergeben sich ganz neue Möglichkeiten. In Zeiten des Optimierungswahns können wir in der Traurigkeit neue Umgangsformen mit Krisen und Missständen erlernen. Ein besonnener Blick auf die Welt resultiert aus einer Gelassenheit und Fähigkeit zur Akzeptanz des Schwermuts. Die Besinnung auf diese inneren Prozesse bietet uns Schutz – Schutz in den bewegten Zeiten, gerade in Zeiten der Angst und des Unbehagens.

## Sinn oder um was es eigentlich beim Glück gehen könnte

»Glück oder Sinn?«

Wilhelm Schmid beschreibt in seinen Essay-Bänden vom Glück und dem Unglücklichsein, dass das Glück eine Art Ersatzbegriff für Sinn ist. Dieser spannenden Synonymisierung wollen wir hier nachgehen. Wenn Zusammenhänge erkennbar sind, entsteht Sinn. Sind einzelne Dinge, Menschen, Begebenheiten, Erfahrungen aufeinander bezogen und nicht isoliert, ist Sinn erkennbar. Sinne stiften einen wertvollen Zusammenhang – den Zusammenhang zwischen mir und der Welt. Manchmal ist auch das Zerschlagen von Sinn sinnvoll – beispielsweise sollten Zwänge ausgelöst und wieder ein neuer Zusammenhang aufgebaut werden. Sinnlose Arbeit führt zu Burnout und entsteht wieder Sinn in der Arbeit, entsteht auch wieder Kraft und Energie. Grundsätzlich können wie hier postulieren, dass positive wie negative Aspekte im Leben die Fülle des Lebens ausmachen. Dies haben wir im Kapitel »Bad Luck und Melancholie« schon angerissen. Wenn also Sinn erfahrbar ist, folgt Glück und das Glück der Fülle entsteht aus der Erfahrung einer Fülle von Sinn. Aus Sicht Wilhelm Schmids ist demnach das Wichtigste im Leben Sinn, das Erleben von Sinnhaftigkeit.

Es lassen sich vier verschiedene Aspekte der Sinnerfüllung ableiten:

1. Die Fülle der Sinnlichkeit im Körperlichen:
   In unserer modernen Welt wird die Körperlichkeit nicht unbedingt als direkte Quelle des Glücks erlebt. Der Körper ist eher ein Stück

Natur, das durch kontinuierliches Training, durch strenge Diäten und manchmal übertriebenen Sport, durch Psychopharmaka und plastische Chirurgie gebändigt, optimiert und kontrolliert werden muss. Die Strafe für Sündhaftigkeit ist nicht mehr die Hölle, sondern Übergewicht, mangelnde Fitness, der Burnout und der Herzinfarkt. Dabei bietet der Körper durch seine Grundanlage viele Möglichkeiten der Sinnhaftigkeit. Die Erfahrung von Zärtlichkeit, des Berührens und Berührtwerdens ist beispielsweise sehr beglückend. Glück ist auf dieser Dimension oft mit körperlicher Gesundheit gekoppelt. So sagt Hirschhausen: »Glückliche Menschen sind seltener krank, haben weniger Herzinfarkte, weniger Diabetes und weniger Infekte.« In den Kapiteln »Heart beating – Glück im Körper« und »Tanz der Endorphine – Glück im Gehirn« vertiefen wir diesen Punkt.

2. Die Fülle des Fühlens im Psychischen:
   Sinn wird in der Psyche in erster Linie durch Liebe erfahrbar. Liebe nicht nur gegenüber einem Partner sondern einer weit tieferen Bedeutung: Liebe zu Kindern, Liebe zu Freunden, Liebe als Grundrhythmus unseres Lebens. Denn Liebe ist Sinn – liebende Menschen fragen nicht nach dem Sinn, also kann man davon ausgehen, dass es sehr sinnvoll ist. Die Psyche wird auch durch Geselligkeit, durch Zusammenarbeit am Arbeitsplatz, durch Arbeit, durch Natur und vieles mehr erfreut.
3. Die Fülle des Denkens im Geistigen:
   Alle geistigen Zusammenhänge, die wir erfahren können, sind Sinn stiftend und führen zu Glück. Das Lesen, das Studium und Lernen von neuen Zusammenhängen, auch die Verwirklichung von wahrer Freiheit erfüllen uns.
4. Die Fülle der Erfahrung in der Transzendenz:
   Grundsätzlichen haben sich alle Weltanschauungen und philosophischen Schulen immer wieder mit der Frage auseinandergesetzt, warum der Mensch dazu neigt, unglücklich zu sein und warum er sich unvollständig erlebt. Die Jahrtausende alte Faszination für diese Richtungen liegen unter anderem darin begründet, dass sie eine prägnante Interpretation für das Gefühl der Unvollständigkeit anbieten und eine Erlösung von diesem Unglück versprechen, auch wenn es im Jenseits ist. Die Hoffnung darauf hat sich mit der Aufklärung mehr ins Diesseits verlagert. Aber gibt es dieses Paradies auf Erden? Die Existenzialisten attestieren, dass die menschliche

> Existenz grundsätzlich tragisch ist. Wir sind das unmögliche Tier, ein leibliches, verletzliches Wesen, das altert und irgendwann stirbt. Der französische Existenzialist Jean Paul Sartre sagt: »Tod ist Mord«. Er sei eine Unterbrechung der persönlichen Geschichte. Der Körper, die Zellen streben nach Verfall und Reduktion, das Gewissen jedoch nach Kumulation. Es gäbe deshalb keinen natürlichen Tod, denn das Gewissen sei für die Ewigkeit.

Im metaphysischen, im transzendentalen Kontext übersteigt das Ich sich selbst. Alles führt zu Einem und nichts wird ausgelassen. Daraus kann sich ein Sinn, der über das Leben hinausgeht, entwickeln und so ein erfülltes Leben im Hier und Jetzt, ein schönes und bejahendes Leben, ergeben. Denn erst mit der Auseinandersetzung mit dem Tod, dem Sterben, gewinnt das Leben Sinn. So ist gerade die Frage des Tods ein entscheidender Punkt, der zum Leben führt. Die Wege zur Transzendenz – Spiritualität und Meditation – werden wir nachfolgend vorstellen.

Wir fassen zusammen. Das Erleben von Sinn ist entscheidend um von einem erfüllten, gelingenden Leben zu sprechen. Dies bedeutet nicht ein Dauerzustand von Glück – vielmehr ist es ein Akzeptieren, dass Krankheit und Sterben Teil des Lebens sind. Die Bewusstwerdung dessen blenden die negativen Aspekte unseres Schicksals nicht aus. Denn das Gegenteil von Glück ist nicht Unglück sondern Langeweile. In der tiefen Erfahrung dieser Zusammenhänge entsteht Glückseligkeit.

## 1.3 Exkurs 1: Hygge – die Dänische DNA des Glücks

»Volklich ist in unserem Lande
Eines noch aus Herzensgrund:
Volklich ist das Lied der Liebe,
Dänisch echt zu jeder Stund;
Nicht im Feld und nicht im Tinge
Frau'n und Kinder zähln geringe;
Wie sich alles auch erweist
Dänisch immer Liebe heißt.«

*Grundtvigs Gedicht – »Volklichkeit«*

*Eine Szene in einem Kopenhagener-Viertel. Die Familie Rasmussen mit ihren zwei Kindern haben ihre Freunde, die Hansens zu sich nach Hause eingeladen. Der Tisch ist wunderbar gedeckt. Viele Teelichter und Kerzen erhellen das Wohnzimmer. Gutes und reichhaltiges Essen sowie Getränke werden serviert. Man erzählt sich die neusten Geschichten über den Arbeitsplatz, die Schule und die Nachbarn. Später werden noch gemeinsam dänische Lieder gesungen. Es geht friedlich zu, es ist »hyggelig«, wie die Dänen sagen würden.*

Wenn man sich die verschiedenen Glücksreporte[5] anschaut, dann müssen wir attestieren, dass Dänemark das glücklichste Land der Welt ist. Im Kapitel über »Die glücklichsten Länder der Welt«, werden wir dies noch weiter vertiefen. Die Dänen haben anscheinend einen besonderen Weg gefunden zum Glück – Sie nennen ihn »Hygge«[6]. Gemäß Meik Wiking, dem CEO des Kopenhagener Instituts für Glücksforschung, ist Hygge eine Kunst der Innigkeit und Gemütlichkeit der Seele. Dieses dänische Glücksgefühl entsteht nicht durch Dinge, sondern mehr durch eine spezielle Atmosphäre und ein besonderes Erleben. Es ist eine Art dänische Achtsamkeit bei Kakao und Kerzenlicht. Ausgangspunkt der dänischen Glücks-DNA ist der außerhalb Dänemarks unbekannte Denker Nikolai Frederik Severin Grundvig, der 1783 geboren wurde. Er schrieb über 150 Bücher und predigte als Pfarrer in erster Linie einen ausgeprägten Humanismus. 1864 erlitt Dänemark ein nationales Trauma. Im deutsch-dänischen Krieg verlor das Land seine Herzogtümer Schleswig und Holstein und damit gingen 40 Prozent seiner Bevölkerung an Deutschland über. In dieser schwierigen Zeit entpuppte sich Grundvig als großes Geschenk für die gebeutelte Nation. Er gründete die »folkehøjskole«, eine Art Volkshochschule, die keine Noten vergab und keine Prüfungen schreiben ließ. Seine Grundforderungen waren seine eigene Geschichte zu kennen, die eigene Sprache zu sprechen und Lieder zu singen. Dies darf nicht mit einem nationalistischen Gedankengut verwechselt werden. Denn Grundvig war es wichtig, die Welt zu kennen, deren Teil man ist. So lässt sich auch sein oben zitiertes Gedicht mit dem heutigen dänischen Glücksgefühl gut ausdrücken. Sein Grundansatz war geprägt durch die Herstellung von sozialen Beziehungsgeflechten wie Familie, Kinder und Freunde. Ein Abend mit Freunden und gutem Wein und gegenseitiger Bestätigung wird dann »hyggelig«. Dabei sollte nicht unbedingt über

Politik und Religion gesprochen werden, denn dann kann es auch recht ungemütlich werden, oder die Dänen würden wahrscheinlich sagen »unhyggelig«. Ein großer Gegner des dänischen Glückswegs war Søren Aabye Kierkegaard,[7] der uns auch in dem folgenden Theaterstück begegnen wird. Für ihn, einen Zeitgenossen Grundvigs, war dieser Hygge-Kult verdächtig. Ihm als Vorläufer der ganzen Bewegung des Existenzialismus war er ohne Leidenschaft und ohne Revolution. Wie dem auch sei. Heute zeigen uns die Dänen wie es gehen könnte: mehr Hygge, weniger Abgrenzung, mehr Resonanz, weniger Abschottung.[8]

## 1.4 Exkurs 2: Ikigai – der japanische Weg zum Sinn und Glück

Der 88-jährige Sato öffnet um 18 Uhr seine kleine Sake-Bar in Naha auf der südlichen Insel Okinawa im Japanischen Pazifik. Er macht dies seit über 50 Jahren täglich – außer am Montag, da gönnt er sich einen Ruhetag. Bevor er die Bar eröffnete, war er Manager in einer Versicherung. Doch da gefiel es ihm nicht und da er sich mit Sake gut auskannte und gerne mit Menschen zusammen sein wollte, führt er nun eine halbes Jahrhundert lang mit großer Leidenschaft diese kleine Bar mit 16 Plätzen. Er bedient die ersten Gäste, die von ihren Büros ihren Feierabend mit einem alkohol-haltigen Reisgetränk beginnen möchten. Er ist mit Herz und Seele dabei. Das Lokal im Zentrum ist sehr beliebt und somit den ganzen Abend sehr gut besucht. Die riesige Sake-Auswahl und vor allem die Herzlichkeit von Sato begeistern die Gäste. Er kann sich ein Leben ohne seine Sake-Bar nicht vorstellen. »Bis 100 werde ich es sicher noch machen und dann schauen wir weiter«, antwortet er jeweils, wenn Gäste fragen, ob er sich nicht so langsam zur Ruhe setzen möchte.

Nach dem Dänischen Hygge möchten wir hier auch ein japanisches Modell vorstellen – das »Ikigai«. Das japanische Wort »Ikigai« bedeutet eigentlich Lebenssinn. Gute Annäherungen an den Begriff sind »die Freude und das Lebensziel«, »das, wofür es sich zu leben lohnt« oder »das Gefühl, etwas zu haben, für das es sich lohnt, morgens aufzustehen«.

Haben Sie Ihr Ikigai gefunden so wie unser Herr Sato aus Okinawa? Was begeistert Sie morgens immer wieder früh aufzustehen und zur Arbeit zu gehen? Diese Fragen sind natürlich von jeder Person unterschiedlich zu beantworten. Das japanische Modell des Ikigai geht davon aus, und dies lässt sich durch viele Untersuchungen in Japan belegen, dass das Erkennen und Leben nach dem Prinzip »seinen wahren Lebenssinn« gefunden zu haben, zu einem glücklicheren und langen Leben führt. Wenn man sich die Lebenserwartung nach der letzten Erhebung der Weltgesundheitsorganisation (WHO)[9] anschaut, dann werden in Japan die Menschen durchschnittlich 83,7 Jahre und haben damit die höchste Lebenserwartung. Um was geht es in diesem Modell? Die Schnittmenge vier unterschiedlicher Lebensbereiche ergeben den Ikigai:

**1. Leidenschaft**

Hier geht es um Ihre Passion. Viele Menschen im klassischen Business-Alltag sind nicht mehr mit Leidenschaft mit Ihrer Arbeit verbunden. Es ist mehr ein Abarbeiten, gar manchmal nur ein Absitzen, als ein freudiges Brennen für ihre Tätigkeiten. Falls Sie Ihr Arbeitsfeuer verloren haben, dann können Ihnen folgende Fragen helfen Ihre Leidenschaft (wieder) zu finden;

- Was lieben Sie und wofür schlägt Ihr Herz?
- Womit verbringen Sie Stunden ohne zu merken, wie schnell die Zeit vergeht?
- Wofür bekommen Sie Anerkennung?
- Wofür brennen Sie?

Schreiben Sie die Punkte in einer ruhigen Minute auf. Dies ist der erste Schritt.

**2. Mission:**

Hier geht es um Ihr Können. Dieser Punkt fällt vielen Menschen schwer. In den nachfolgen Kapiteln werden wir noch erklären, warum wir sofort Dinge aufzählen können, die wir nicht oder nicht gut können, aber unsere Talente und Fähigkeiten unterschätzen. In diesem Fall können Ihnen bei den folgenden Fragen Ihre Partner und Freunde helfen. Und schreiben Sie sie wieder auf eine Liste:

- Was können Sie gut?
- Was sind meine Talente und Fähigkeiten?

Eine kleine Anmerkung für Sie an dieser Stelle. Auch die kleinste und von Ihnen auch vielleicht als unwichtig gesehene Tätigkeit helfen in diesen Prozess hinein zu kommen.

**3. Berufung:**

Haben Sie Ihre Berufung zum Beruf gemacht – oder suchen Sie noch nach Ihrer Berufung? Keine Sorge, so ergeht es den meisten Menschen auf diesem Planet. So wäre es doch jetzt ein wunderbarer Zeitpunkt dem nachzugehen. Wieder helfen folgende Fragen dem auf die Spur zu kommen – und schreiben Sie wieder auf:

- Was ist Ihnen wichtig im Leben und können andere davon profitieren?
- Was braucht die Welt, dass Sie ihr geben können?
- Worauf wollen Sie am Ende Ihres Lebens stolz sein?
- Wie können Sie die Welt mit Ihrem Können bereichern?

**4. Beruf:**

Ja, und natürlich möchten Sie auch von etwas leben. Und zwar im besten Fall von dem, was Sie gerne machen. Für fast alle Dienstleistungen gibt es jemand, der bereit ist dafür Geld zu bezahlen. Die Möglichkeiten in der heutigen, fast schon voll durch digitalisierten Welt sind unbegrenzt. Der Ort der Erbringung der Leistung kann tausende Kilometer vom Auftraggeber entfernt sein. Welche Fragen können Sie hier für sich beantworten:

- Was braucht die Menschheit?
- Welche Profession haben Sie, die Menschen bereit sind zu bezahlen?

Jetzt fügen Sie Ihre Talente, Wünsche und Leidenschaften zusammen. Haben Sie für alle vier Punkte Ihre Schnittmenge gefunden? Dies ist Ihr Ikigai. Machen Sie sich keine Gedanken, dass Sie nicht sofort zu einem eindeutigen Resultat kommen. Am Anfang steht der Prozess, die Beantwortung der Fragen im Vordergrund, sich überhaupt mal damit auseinander zu setzten. Mit der Zeit wird sich Ihr Ikigai mehr und mehr herauskristallisieren. So können Sie Ihre Talente und Leidenschaften ausleben, den Menschen etwas zurückgeben und – dies soll hier nochmals explizit erwähnt werden – gutes, rechtschaffenes Geld verdienen. Sie werden nun wissen, warum Sie morgens begeistert aufstehen und den Tag herzlich willkommen heißen.

# Kapitel 2: Der Mensch und das Glück

»Das Glück außerhalb von uns zu suchen
gleicht dem Warten auf Sonnenschein in einer
nach Norden gelegenen Höhle.«

*Tibetisches Sprichwort*

**Geschichte: Das Glück verstecken**[10]

*Drei Götter überdachten, was sie den Menschen auf ihrem Weg durchs Leben mitgeben könnten. Sie beschlossen, ihnen das Glück zu schenken, aber doch so, dass die Menschen es selbst erwerben sollten. Sie sagten: »Wir wollen das Glück so verstecken, dass es mit einer Herausforderung durch die Suche verbunden wird. Dies wird seinen Wert deutlich machen.« Wo aber sollten sie das Glück verstecken? Der Erste schlug vor, dafür einen Gletscher auf dem höchsten Berg zu wählen. Der Zweite meinte, dass dies zu leicht sei und wollte es in einer Muschel auf dem Grund des Ozeans verbergen. Der Dritte aber sagte: »Lasst es uns im Menschen selbst verbergen!«*

Bevor wir auf die Business Aspekte des Glücks eingehen, werden wir zu den verschiedenen Glücksforschern aus Philosophie, Religion und Psychologie reisen. Während die Philosophen sich schon von Anfang an mit der Disziplin Glück beschäftigt haben, hat in den letzten Jahren auch die Psychologie mehr und mehr ihren Fokus nicht nur auf das Leid, sondern mehr und mehr durch die positive Psychologie angeregt, auf die Glücksforschung gelegt. Dem wollen wir Rechnung tragen und stellen Ihnen die wesentlichen Erkenntnisse dar. Bevor wir das Land der Psychologie bereisen, begeben wir uns zunächst in den Himmel, denn dort wird weiterhin intensiv über das Wesen und die Essenz des Glücks philosophiert. Uns werden führende Philosophen und religiöse Denker begegnen, die im Stile eines himmlischen Diskurses ihre Positionen von sich geben.

## 2.1 Glück im Spiegel der Philosophie

»Nichts ist elend, als wenn man es dafür hält und andererseits ist jedes Los glücklich dem, der es mit Gleichmut erträgt.«

*Boethitus*

### Himmlisches Lustspiel über das höchste Glück[11]

#### 1. Aufzug

#### Szene 1.: Platon und Aristoteles treffen sich im Himmel

Zwei Himmelswesen Aristoteles[12] und Platon[13] begegnen sich im Himmel, sanfte Harfenklänge in der Luft, Platon blickt zufrieden und freudig im weiße luftigen Gewande in die Ferne, Aristoteles zupft etwas nervös an seinem Zwirn, scheint noch nicht ganz angekommen, wirkt irritiert. Sie begrüßen sich vertraut und blicken gemeinsam auf die Erde hinunter.

Platon: »Halleluja, was für ein Glück, wir sind im Himmel! Schau hinab, wie gut das hinter uns gelassen zu haben! Welch große Freud hier, welch Wonne hier zu sein!« (lacht laut).

Aristoteles (schaut etwas geknickt drein): »Wie kommst du nur darauf?«

Platon: »Endlich haben wir all die körperlichen Bedürfnisse hinter uns gelassen, sind losgelöst von den Sinnen – endlich, das Paradies.« (strahlt)

Aristoteles: (traurig) »Wie soll ich mich darüber freuen? Das was für das Glück wesentlich ist, habe ich auf der Erde gelassen. Gutes Essen, guter Wein und gute Freunde – ich hatte zufriedene und wahrlich ekstatische Momente. Es ging mir gut, was soll ich im Himmel? Dort wo es keinen Körper mehr gibt, keine Lebendigkeit, gibt es auch kein Glück. Schau dir die Menschen an, sie alle streben nach Glück. Sie wollen materielle Güter, streben nach einer Grundzufriedenheit. Was soll ich hier alleine auf der Wolke sitzend? Glück findet sich in der Gemeinschaft.«

Platon: »Sie alle leben in einer Illusion, die sitzen immer noch in der Höhle[14] und sind blind, sie erkennen nicht die Wirklichkeit! Erst hier ist es möglich diese Illusion wirklich zu durchschauen.«

Aristoteles: (nachdenklich) »Hier oben?«

Platon: (etwas überheblich) »Mein lieber Schüler Aristoteles, auf Erden versprechen die Glückspropheten das Blaue vom Himmel. Reichtum, Macht, Ansehen und das Frönen nach Lust und nach sinnlichen Genüssen seien Boten des Glücks. Wenn du den Umlauf der Gestirne erkennst und die Bewegung der eigenen Seele diesen Bewegungen angleichst, dann findest du Glückseligkeit – dies, mein Schüler, findest du aber nur hier oben.«

Aristoteles: (in leicht trotziger Stimme) »Auf Erden nutzte ich meinen Verstand, meine Bildung, die ich übrigens von dir bekam. So war ich tugendhaft, so war ich gut und so war ich doch wahrlich glücklich.«

Platon: »Immer gut ist in Wahrheit nur Gott, daher kann kein Mensch auf Erden wirklich glücklich sein.«

Szene 2: Gott hört zu

Gott hört die Unterhaltung mit etwas Abstand mit und kommt ins Grübeln. Über das Glück scheint es in dieser Welt doch sehr unterschiedliche Ansichten zu geben. Er beschließt etwas Ordnung in dieses Thema zu bringen und ruft einflussreiche Philosophen ein.

**2. Aufzug**

**Szene 1: Gott beruft eine Versammlung ein**

Ein himmlischer Meetingraum in weißem Lichte. Gott sitzt am oberen Ende eines riesigen Tisches. Neben ihm verschiedene Philosophen und Denker aus allen Epochen. Manche sitzen unruhig auf ihren Stühlen, plaudernd, irritiert, was das Ganze alles soll, andere kommen wie üb lich zu spät. Gott begrüßt die anwesenden Denker.

Gott: »Grüß Gott!«

Die Anwesenden antworten mit ein paar Ausnahmen: »Grüß dich, Gott!«

Gott: »Ich habe euch versammelt um der Frage nachzugehen, was wahres Glücke sei. Es herrschen da unterschiedliche Vorstellungen. Ich möchte es jetzt für alle mal geklärt haben.«

Gott richtet seinen Blick auf Buddha[15], der tief in Meditationshaltung versunken ist und bittet ihn, sich zu äußern.

Gott: »Mein lieber Gautama, was sagt ein Erleuchteter dazu. Was ist Glück?«

Buddha öffnet leicht seine Augen und sagt in ganz gelassener Stimme: »Die Menschen empfinden Leiden – durch Krankheit, Alter und Tod. Die Ursache ist die Begierde – das Streben nach sinnlichen Genüssen und die Bindung an weltliche Güter und Macht. Es kann aber beendet werden, das Leiden. Ich habe da ein Trainingsprogramm, den achtfachen Pfad entwickelt. Damit lässt sich das Ich überwinden und dann entsteht Glück.«

Epikur[16] lächelt: »Nein, das Streben nach sinnlichen Genüssen, die Lust ist Ursprung und Ziel des glücklichen Lebens. Eine Sonate von Chopin zu hören, einen Matisse zu bestaunen und dies mit Freunden. Sogar an meinem letzten Tag auf Erden war ich von Glück beseelt.«

Diogenes[17], in einer Tonne unter dem Sitzungstisch sitzend, grummelt hervor: »Buddha hat recht – die Begierde bringt nur Leid – ich plädiere hier für eine radikale Bedürfnislosigkeit – wahres Glück gibt es nur in der Tonne.«

Sokrates[18], in einem sehr bescheidenen Gewande, steht auf und schlendert im Sitzungszimmer umher als wäre es der Marktplatz von Athen: »Sagt mir, ist nicht das gute Leben das einzig lebenswerte?«

»Doch, das gute Leben ist das einzig lebenswerte«, rufen einzelne Sitzungsteilnehmer. »Sollte man dann wissen, was gut und böse ist, um ein gutes Leben zu führen?«

»Ja, das sollte man«, hallt es von Einzelnen aus dem Raume.

»Gut und böse ist absolut und nicht relativ.«

»Ja, sie sind absolut.«

»Können sie alleine durch Fragen und Urteilen erfasst werden?«

»Ja.«

»Sind also Moral und Wissen miteinander verbunden?«

»Ja.«

»Führt also ein ungeprüftes Leben nicht in Unwissenheit ohne Moral?«

»Ja.«

»Dann ist doch ein Leben ohne Selbsterfahrung nicht lebenswert?«

Buddha öffnet wieder die Augen: »Ja, Selbsterfahrung ist von großer Wichtigkeit. So führt der Weg, der mittlere Weg zwischen Exzessen und Askese zur Leichtigkeit – dies ist mein Trainingsprogramm – es hilft jedem Einzelnen den Weg der Mitte zu finden.«

Sokrates: »Also ist ein lebenswertes Leben, ein Leben mit Maß, ein glückliches Leben!«

Epikur mit Blick auf Sokrates und Diogenes, der aus der Tonne herausschaut: »Ihr seid wahrlich Kyniker[19], Hunde – schaut euch an wie erbärmlich ihr seid. Ich sage euch, genießt lustvoll die Süße des Lebens, ja mit Maßen, aber genießt das Leben. Und ein für alle Mal, an alle, die mich hier fälschlicherweise als Lustmolch beschimpfen. Sex bringt keinen Nutzen zum Glück. Ich behaupte sogar, man könne froh sein, wenn er nicht schade.«

Hobbes[20] ruft dazwischen: »Glück ist das clevere Fortschreiten von einer Lust zur anderen – und da gehört doch sicher auch Sex dazu.«

Locke[21] mit einem Whiskey-Glas in der einen und einer dicken Zigarre in der anderen Hand ergänzt: »Jedes Ausleben der Lust ist Glück. Wir alle streben von Natur aus nach Glück, nach der größtmöglichen Lust und alle haben einen Widerwillen gegen Leid. Schaut euch die Amerikaner an. Die haben meine Grundsätze in die Unabhängigkeitserklärung – den »pursuit of happiness« – aufgenommen.«

Bentham[22]: »Glück ist der Ausgangs- und Zielpunkt jeder Moral. Das allgemeine Wohl ist die größtmögliche Menge von Glück für die größtmögliche Zahl[23]. Glück, Gewinn, Vorteil, Freude sind das Gleiche. Lasst das Glück messen mit meinem Lustkalkül. Alle Lustquellen sind gleich.«[24]

Nietzsche[25], mit depressiver Stimme und spöttisch, sagt. »Der Mensch strebt nicht nach Glück, nur der Engländer tut das.«

Gott fährt dazwischen mit strafendem Blick an Nietzsche gerichtet: »Friedrich, jetzt nimm dich zusammen. Wir machen eine kurze Pause, lüftet mal den Raum und zündet dann wieder Weihrauch an.«

**Szene 2: Intrige**

In der Pause nutzt Nitzsche die Gelegenheit um zu intrigieren. Er greift sich einzelne Denker und bespricht mit ihnen geheime Dinge. Gott sieht es und ruft wieder alle ins Sitzungszimmer, das jetzt wieder mit Weihrauch durchtränkt ist.

Gott: »Nun meine Herren, was sagen denn meine Hirten zum Glück. Augustinus, mein Kirchenvater, was meinst du?«

Augustinus[26]: »Oh Gott, Glück gibt es nur in der Nachfolge deines Sohnes Jesus zu finden. Glückseligkeit erfahren wir nur hier und zwar nur, wenn wir ein tugendhaftes Leben geführt haben, gemäß den auch von Aristoteles gepriesenen Kardinaltugenden Weisheit, Tapferkeit, Mäßigung und Gerechtigkeit. Doch ohne Glauben, ohne Hoffnung und ohne dich Gott wird es kein Glück geben. Das Streben des Menschen nach Glück ist identisch mit dem Willen zur Unsterblichkeit. In der Wiederauferstehung bei dir und nur bei dir erfahren wir Glückseligkeit.«

Sofort ergreift Mohammed[27] das Wort: »Das Glück kommt von Allah – inshallah – so Allah will.«

Rumi[28], im Kostüm eines Derwisches und sich im Kreise drehend: »Musik und Tanz – so loben wir Allah und erfahren Glück.«

Augustinus an die Andersgläubigen Mohammed und Rumi gerichtet: »Wer Gott sucht, hat folglich einen gnädigen Gott, und jeder der einen gnädigen Gott hat, ist glücklich. Glücklich ist also auch der, der noch sucht.«

Erasmus von Rotterdam[29] mit sanftem Blick auf Gott gerichtet: »Findet persönlichen Kontakt zu Gott, in Ehrfurcht, in Naivität, in Demut. Der Gipfel des Glücks ist erreicht, wenn eine Person bereit ist, zu sein, was sie ist.«

Thomas von Aquin[30]: »Ich stehe zur eudaimonischen Lehre Aristoteles', der Glückseligkeit auf Erden durch eigene Ambition und der

Lehre Augustinus, der Glückseligkeit im Jenseits. Doch ist Glückseligkeit auf Erden unvollkommenes Glück, während Glückseligkeit im Jenseits vollkommenes Glück ist. Der Weg zum Ziel ist genauso bedeutsam wie das Ziel selbst.«

Luther[31] rollt gerade eine Papyrus-Rolle auf und liest vor: »Glück ist kein gutes Ziel. Das Streben nach Glück ist Anmaßung – nur durch die Gnade von dir Gott wird man glücklich.«

Empedokles[32], mit giftiger Miene: »Alle religiösen Fanatiker sind unglücklich.«

Gott: »Und was sagst du Sören?«

Kierkegaard[33]: »Mich beschäftigt immer noch Regine[34] – heiraten oder nicht heiraten, beides wirst du bereuen.«

Der Journalist und Schriftsteller Poe[35] meldet sich, angeheitert mit säuselnder Stimme: »Papperlapapp, es ist ganz einfach, ich nehme Drogen und so habe ich ständig geile Glücksgefühle. Möchte hier auch jemand von meinem Cocktail naschen?«

Zenon[36], irritiert von Poes Angebot, aber dann doch wieder stoisch: »Nein, um Himmelswillen (schaut verlegen zu Gott), seid leidenschaftslos, denn Unlust und Lust versklavt euch. Bringt eure psychischen Gefühle und Affekte zum Schweigen. Ich sage euch, die Würde der Leidenschaftslosigkeit ist alles. Als ich mir meinen Zeh brach, ging ich in den Freitod – aus Vernunft.«

Plotin[37], ganz am Ende des Sitzungstisches, da ein unangenehmer Gestank von ihm kommt: »Ich bin glücklich hier bei dir Gott, deshalb ließ ich mich auf Erden verfaulen.«

Cioran[38] meldet sich: »Nun.« Die ganze Versammlung schaut auf diesen Denker, den die meisten am Tische überhaupt nicht kennen. »Nun, es ist ein Nachteil geboren zu sein und als ich auf Erden lebte, war es für mich nur erträglich, weil ich mich jederzeit erschießen konnte.«

Sophokles[39] ergänzt: »Genau, nie geboren zu sein, ist das Beste, das Zweitbeste jedoch, wenn geboren, so schnell wie möglich dorthin zurückzukehren, woher man kam.«

Hegesias[40], ketzerisch: »Im Grunde kann man gar nicht glücklich sein, da die Seele ja im Körper stecke und der Körper unvermeidlich leide, und wenn man dann einmal meine, für Momente glücklich zu sein, dann werfe ein tragisches Schicksal alles über den Haufen. Ja, der Selbstmord ist der Weg zum Glück.«

Epikur[41], angewidert von diesen Aussagen und Plotins Gestank: »Nicht jede Lust wählen wir, nicht jeden Schmerz meiden wir, denn nicht die Dinge selbst beunruhigen die Menschen, sondern die Vorstellung von den Dingen[42]. Unser Unglück wird verursacht durch die Angst und die größte Angst haben wir vor dem Tode. Aber, der Tod ist nichts, was wir fürchten müssen.«

Kant[43], der ständig die Schreibunterlagen im Raum passend und millimetergenau ausrichtet: »Glückseligkeit entsteht durch die Befriedigung natürlicher Bedürfnisse. Wenn aber die Bestimmung des Menschen sei, bloß seinen natürlichen Bedürfnissen zu folgen und dadurch glücklich zu werden, dann wäre es besser, er hätte bloß Instinkt und nicht auch noch Vernunft und Moral. Der Mensch ist nur glücklich, wenn er seiner praktischen Vernunft folge und aus Pflicht moralisch handle.«

Fichte[44] fügt auf Kant hinzu: »Nicht das ist gut, was glücklich macht, sondern nur das macht glücklich, was gut ist.«

Voltaire[45], mit geistreichem Blick: »Es gibt keine Gewissheit, was denn Glück sei. Ich zweifle.«

Csikszentmilhaly[46], der sich wunderte, was er in diesem illustren Kreise solle, da er noch lebe und einfach mal so schnell eingeflogen wurde: »Meine Herren, wenn ein Mensch, und ich bin ja hier der einzige, der noch auf Erden lebt, mit seiner irdischen Tätigkeit regelrecht verschmilzt, dabei die Zeit und sich selbst vergisst, wird er ein intensives Glücksgefühl haben. Ja, bei der Arbeit.«

Russell[47]: »Der Weg zum Glück liegt in der organisierten Verringerung der Arbeitszeit – weniger arbeiten macht glücklich. Ein Lob auf den Müßiggang.«

Smith[48] wirft ein: »Arbeitsteilung bringt Wohlstand und Wohlstand macht glücklich.«

Bloch[49], die linke Hand zur Faust nach oben gestreckt: »Wir brauchen endlich eine klassenlose Gesellschaft – Arbeiter werden nur ausgebeutet. Dies ist ein großes Unglück. Deshalb müssen wir kämpfen, damit die Bedürfnisse aller Menschen befriedigt werden – dann folgt das Glück.«

Konfuzius[50] richtet seinen Blick auf Bloch und sagt: »Durch gemeinsame Rituale stärken wir den sozialen Zusammenhalt, nicht durch Kampf. Die Familie, die Gemeinschaft soll sich auf soziale Tugenden ausrichten. Seid treu und aufrichtig und was du dir selbst nicht wünschst, das tu auch keinem anderen. Das ist Glück.«

Mozi[51], genötigt von Konfuzius Aussage: »Nein, das ist zu viel Hörigkeit und Hierarchie in deinen Worten, Konfuzius. Liebe zu allen Menschen unabhängig von ihrem Stand führt zu wahrem Glück.« Sein Blick streift wohlwollend zu Bloch.

Laotse[52]: »Yin und Yang, wir brauchen ein harmonisches Gleichgewicht zwischen Gegensätzen – zwischen Ego und Mitwelt. Lasst uns hoffnungsvoll, mit optimistischem Blicke in die Zukunft schauen.«

Descartes[53]: »Also ich denke, deshalb …, ich bin überzeugt, dass die Wohlfahrt zum Glück führt.«

Schopenhauer[54] ruft mit verzerrtem Blicke rein: »Ihr irrt euch alle – Illusion und Wirklichkeit. Glück ist einfach die Abwesenheit von Leid! Aber im Trauerspiel des Lebens ist echtes, bleibendes Glück nicht möglich. Ohne Überwindung der Angst vor dem Tode ist kein Glück da.«

Konfuzius: »Ich glaube die Herren aus Griechenland, China und auch Kant willigen ein, (schaut alle der Reihe nach an) dass durch Bildung Leid durchschaut und Glück auf Erden erkannt werden kann.«

Bacon[55] ruft dazwischen: »Ja, Wissen ist Macht.«

Schopenhauer winkt despektierlich ab: »Ihr sprecht von Bildung als Quelle des Glücks. Ich sage euch aber, je gebildeter der Mensch, desto mehr seelisch-geistigen Schmerz erleidet er.« Und fügt auf Lateinisch hinzu, um seiner Aussage mehr Gewicht zu geben: »›Quit auget scientiam, auget dolorem.‹«

Wollstonecraft[56], die einzige Frau im Raum. Irritiert schauen die Herren im Kreis auf die in einem Hosenanzug aufstehende Person:

»Lasst die Frauen an den Rechten des Mannes teilhaben, dann wird sie auch nach seinen Tugenden streben. Auch Frauen können glücklich sein.«

Nietzsche steht auf, legt seine Hand auf Bacons Schulter – dies in einem sehr verwirrten Zustand[57]: »Ihr alle liegt falsch. Glück als Fülle des Gefühls stellt sich nur bei der Ausübung von Macht ein. Nun, (an Gott gerichtet) ich stelle einen Antrag. Gott ist tot – ich übernehme hier mal den Laden und bringe ihn auf Vordermann. Ist jemand dagegen?«

Gott schweigt und lächelt.

**Nachspann:**

Freud[58], auf einer Coach abseits sitzend, analysierend zu sich selbst sprechend: »Ja, es scheint klar zu sein. Die Absicht, dass der Mensch glücklich ist, ist im Plan der Schöpfung einfach nicht enthalten. Doch Hoffnung für den Menschen sehe ich in der Religion – wünsche mir aber, dass die Menschen sie in Richtung des Gottes Logos überwinden.«

**Ende**

## 2.2 Psychologie und Glück – Eine Entdeckungsreise

### Geschichte: Auf dem Weg[59]

*In der persischen Mystik wird von einem Wanderer erzählt, der mühselig auf einer scheinbar endlos langen Straße entlang zog. Er war über und über mit Lasten behangen. Ein schwerer Sandsack hing an seinem Rücken, um seinen Körper war ein dicker Wasserschlauch geschlungen. In der rechten Hand schleppte er einen unförmigen Stein, in der linken einen Geröllbrocken. Um seinen Hals baumelte an einem ausgefransten Strick ein alter Mühlstein. Rostige Ketten, an denen er schwere Gewichte durch den staubigen Sand schleifte, wanden sich um seine Fußgelenke. Auf dem Kopf balancierte der Mann einen halbfaulen Kürbis. Bei jedem Schritt, den er machte, klirrten die Ketten. Ächzend und stöhnend bewegte er sich Schritt für Schritt vorwärts, beklagte sein hartes Schicksal und die Müdigkeit, die ihn quälte.*

*Auf seinem Wege begegnete ihm in der glühenden Mittagshitze ein Bauer. Der fragte ihn: »Oh, müder Wanderer, warum belastest du dich mit diesen Felsbrocken?« – »Zu dumm«, antwortete der Wanderer, »aber ich hatte sie bisher noch nicht bemerkt«. Darauf warf er die Brocken weit weg und fühlte sich viel leichter. Wiederum kam ihm nach einer langen Wegstrecke ein Bauer entgegen, der sich erkundigte: »Sag, müder Wanderer, warum plagst du dich mit dem halbfaulen Kürbis auf dem Kopf und schleppst an Ketten so schwere Eisengewichte hinter dir her?« Es antwortete der Wanderer: »Ich bin sehr froh, dass du mich darauf aufmerksam machst; ich habe nicht gewusst, was ich mir damit antue.« Er schüttelte die Ketten ab und zerschmetterte den Kürbis im Straßengraben. Wieder fühlte er sich leichter. Doch je weiter er ging, umso mehr begann er wieder zu leiden. Ein Bauer, der vom Feld kam, betrachtete den Wanderer erstaunt: »Oh, guter Mann, du trägst Sand im Rucksack, doch was du da in weiter Ferne siehst, ist mehr Sand, als du jemals tragen könntest. Und wie groß ist dein Wasserschlauch – als wolltest du die Wüste Kawir durchwandern. Dabei fließt neben dir ein klarer Fluss, der deinen Weg noch weit begleiten wird!« – »Dank dir, Bauer, jetzt merke ich, was ich mit mir herumgeschleppt habe.« Mit diesen Worten riss der Wanderer den Wasserschlauch auf, dessen brackiges Wasser auf dem Weg versickerte, und füllte mit dem Sand aus dem Rucksack ein Schlagloch. Sinnend stand er da und schaute in die untergehende Sonne. Die letzten Sonnenstrahlen schickten ihm die Erleuchtung: Er blickte an sich herab, sah den schweren Mühlstein an seinem Hals und merkte plötzlich, dass der Stein es war, der ihn noch so gebückt gehen ließ. Er band ihn los und warf ihn, soweit er konnte, in den Fluss hinab. Frei von seinen Lasten wanderte er durch die Abendkühle, eine Herberge zu finden.*

Die psychologische Forschung beschäftigt sich mit dem Erleben und Verhalten der Menschen, den unterschiedlichsten Facetten des komplexen Systems der Psyche. Wie im Bereich der Philosophie begegnen uns auch hier verschiedene Schulen, Forschungsschwerpunkte und Ausrichtungen. Freuds Haltung stellt nur eine Sicht auf das Glück dar. Gerade in der analytischen Tradition und klinisch ausgerichteten Forschung stehen allerdings meist ungelöste Konflikte, Probleme, Leid, Störungen und Krankheiten sowie deren Linderung im Fokus, weniger das Streben nach Glück. Die »klassische« Psychologie ist darauf ausgerichtet, Entstehung und Ursache psychischer Erkrankungen zu erforschen, zu diagnostizieren, zu behandeln und zu heilen. Sie beschäftigt sich somit vorrangig mit Pathologien.

Diese Ausrichtung erscheint mit Blick auf die somatische Medizin verständlich: auch psychisches Leiden ist sichtbar und soll wie körperliche Erkrankungen behandelt und geheilt werden. Um das zu lösen, ist Forschung im Bereich der Pathologien zwingend erforderlich. Analytische Ansätze[60] machten sich dabei vorrangig auf die Suche nach unbewussten Prozessen, welche aufgedeckt und verstehbar gemacht werden müssen, um Symptome aufzulösen. Der behaviorale Ansatz[61] betrachtete dagegen lerntheoretische Bedingungen: wie über Konditionierungs[62]- und Verstärkungsprozesse Verhaltensprobleme entstehen und verändert werden können. Aus diesen Forschungsansätzen sind die heutigen analytischen und verhaltenstherapeutischen Behandlungsmethoden entstanden. Zudem stehen Fragen nach Vererbung und körperlichen Korrelaten sowie ein daraus resultierendes Bemühen um medikamentöse Behandlungsmethoden im Interesse der Forschung.

Diese problemorientierte psychologische Haltung mag auch bestimmt sein durch die menschliche Geschichte, geprägt vom direkten Erleben und den Folgen der Weltkriege. Erst in den 90er Jahren hat sich um Martin E.P. Seligman der Blick der psychologischen Forschung nachhaltig in eine andere Richtung gewandt. Der noch recht junge Forschungsbereich der Positiven Psychologie richtet den Fokus gezielt auf Ressourcen, auf das Bemühen um ein Verständnis für Stärken der menschlichen Psyche. Es geht also um positive Aspekte, um das, was funktioniert und gut läuft. In diesem Forschungsbereich finden wir eine Auseinandersetzung mit Fragen nach der Entstehung von Glück und der Förderung von Wohlbefinden.

Auch wenn psychischen Erkrankungen weit komplexere Entstehungsbedingungen als reiner Hedonismus zugrunde liegen, mag dieser durchaus Bestandteil einer dysfunktionalen Entwicklung sein. Wie etwa bei der Depression, wo schwierige Gefühle »gedeckelt« irgendwann das ganze Erleben beeinträchtigen oder bei der Sucht, wo das Streben nach dem positiven Kick in eine Abhängigkeit führen kann. Wie bei den Philosophen der Hedonismus mit dem Eudämonismus kontrastiert wird, und für anhaltendes Glück eine Entfaltung des wahren Selbst postuliert wird, deckt sich diese Haltung auch mit bekannten psychologischen Ansätzen[63]. So vertritt zum Beispiel Carl Rogers in seinem humanistischen Ansatz unter anderem eine angeborene Tendenz zur Selbstverwirklichung. Demnach gibt es ein natürliches Bestreben, das eigene Potential voll zu entfalten und aus der eigenen Existenz das Beste zu machen.

Abseits des klinischen Kontexts begegnet uns in beruflichen Fragen die Psychologie klassischerweise bei dem Bestreben nach Optimierung von Erfolg über bessere Menschenkenntnis, Motivations- und Kommunikationsstrategien oder Leistungsverbesserung. Allerdings auch bei Themen wie Burnout und Mobbing.

Was die Psychologie zum Thema Glück nun konkret beitragen kann, wollen wir im Folgenden näher betrachten und uns dabei unter anderem dem Reich der Gefühle widmen. Immer mehr Aufmerksamkeit kommt heute zudem den Neurowissenschaften zu, der Erforschung, was im Kopf passiert, welche körperlichen Korrelate dem psychischen Erleben zuzuordnen sind und damit auch messbare Erklärungen liefern können.

Wir laden nun ein, zu einer Reise durch die Psychologie – im weiten Land der Psychologie müssen sich doch weitere Antworten auf die Frage nach dem Glück finden lassen!

## Im Land der (Positiven) Psychologie

### Geschichte: Die kleine Salzpuppe

*Eine kleine Puppe aus Salz reiste auf einer Pilgerfahrt Tausende von Meilen über Land, bis sie schließlich ans Meer kam. Sie war fasziniert von dieser seltsamen, sich bewegenden Wassermasse, die ganz anders war als alles, was sie bisher gesehen hatte. Dies war ein Phänomen so ganz anders als sie. Sie war eine feste Puppe aus Salz, stand auf festem Boden und beobachtete ein Phänomen, das gar nicht fest war, sich bewegte. Sie wusste nicht, was das ist. Trotzdem ging sie an den Rand des Meeres und fragte das Meer: »Wer bist du?« Lächelnd sagte das Meer: »Ich bin Ich.« Die Puppe sagte: »So etwas habe ich noch nie gesehen. Ich kenne dich gar nicht, aber ich möchte dich gerne kennenlernen – bitte hilf mir, was soll ich tun?« Das Meer erwiderte: »Komm herein und sieh selbst – berühre mich.« Also watete die Puppe schüchtern zuerst mit einem Fuß und dann mit dem anderen in die See. Oh, wie anders! Sie fühlte das Wasser – es machte sie etwas leicht – so was hatte sie noch nie erlebt. Sie zog ein Bein wieder zurück aus dem Wasser und konnte sehen, dass ihre Zehen verschwunden waren. »Was hast du mit mir gemacht?«, rief sie. Das Meer antwortete freundlich: »Du hast etwas von dir gegeben, um es wirklich zu verstehen.« Zuerst war die kleine Puppe verwirrt und war nicht sicher, wie dieser Austausch, dieses Kennenlernen funktioniert. Aber sie fühlte sich immer besser und ging wieder ins Meer, ein wenig weiter, damit sie tiefer verstehen würde. Und je weiter sie hineinging, desto mehr löste sie sich auf, bis nur noch sehr wenig von ihr übrig war. Merkwürdigerweise gab es ihr ein unglaublich befreiendes Gefühl und so ging sie noch weiter. Ehe der letzte Rest verging, fragte die Puppe verwundert: »Aber was ist das Meer?« Schließlich hat eine große Welle sie verschlungen, und als sich der Rest des Salzes aufgelöst hat, schrie die kleine Puppe in großem Glück: »Jetzt weiß ich, was das Meer ist … Ich bin es!«*

Auf der psychologischen Landkarte ist der Bereich Glück, wie beschrieben, insbesondere bei Vertretern der Positiven Psychologie vermerkt, aber auch klinische, Sozial- und Entwicklungspsychologen suchen nach Entstehungsbedingungen für menschliches Wohlergehen.

Als erste Station machen wir Halt bei Aufsehen erregenden Studienerkenntnissen von Prof. Sonja Lyubomirsky. Sie fand heraus, dass es sich mit dem Glück vergleichbar wie mit dem »Set Point« des Körpergewichts verhält. 50 Prozent des Glückserlebens eines Menschen sind genetisch verankert. Das heißt, wir pendeln uns immer wieder auf diesem Glücksniveau ein, wie auf dem genetisch festgelegten Körpergewicht. Nur 10 Prozent unseres Glücks sind von äußeren Umständen abhängig. Erstaunlich wie wenig Einfluss äußere Lebensumstände (also zum Beispiel ob wir arm – reich, gesund – krank, hübsch – hässlich, verheiratet – geschieden sind) auf unser Wohlbefinden haben! Daraus aber durchaus positiv abzuleiten: Wenn wir einsehen, dass die äußeren Umstände nicht verantwortlich für unser Glück sind, ist es uns möglich, unser Glück selbst in die Hand zu nehmen. Wir haben immerhin 40 Prozent Spielraum, um unser Glück durch unsere alltäglichen Handlungen und Gedanken zu beeinflussen – wir können also durchaus etwas dafür tun, mehr Glück zu erleben. Auch wenn manch einer damit wohl akzeptieren muss, nicht genetisch als Sonnenschein ausgestattet zu sein und sein melancholisches Gemüt liebgewinnen sollte.

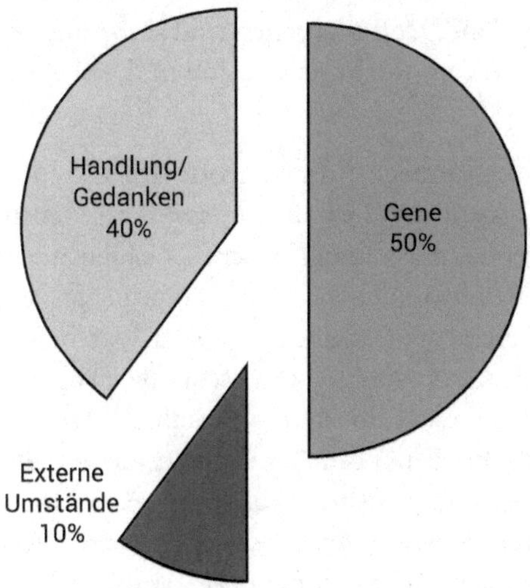


**Abb. 1:** Einflussfaktoren auf Glück nach Prof. Sonja Lyubomirsky

Vielleicht macht sich bei Ihnen nun ein Zweifel breit, ob diese 10 Prozent auch für wirklich einschneidende positive Erlebnisse oder schwere Schicksalsschläge gelten mögen. Es muss doch einen wesentlichen Unterschied machen, im Lotto zu gewinnen oder plötzlich an den Rollstuhl gefesselt zu sein? Forscher zeigten, dass dem nur für relativ kurze Zeit so ist. Das Glücksniveau von Lottogewinnern und Menschen, welche nach einem Unfall querschnittgelähmt wurden, gleicht sich nach einigen Monaten tatsächlich wieder dem persönlichen Ausgangsniveau an. Also kein Grund, dem äußeren Glück hinterherzurennen und das Unglück wirklich zu fürchten?

Der amerikanische Psychologieprofessor Jonathan Haidt bringt Glück auf eine (ähnliche) Formel. Für ihn ist Glück die Summe aus genetischer Grundausstattung, Lebensbedingungen und selbstgewählten Aktivitäten:

**Happiness** = **S**etpoint + **C**onditions + **V**oluntary activities

Der Setpoint ist auch hier nicht veränderbar. Dauerhafte Lärmbelastung, Gefühle fehlender Selbstwirksamkeit und Beziehungsprobleme sind Beispiele bedeutsamer negativ Einflüsse beim Summanden Lebensbedingungen, welche potenziell veränderbar sind. In einem liebenden Umfeld zu leben, kommt hier ein besonders positiver Einfluss zu. Das Tun liegt in unserer Hand. Und Menschen sind insbesondere dann glücklich, wenn sie etwas tun, worin sie gut sind und wobei sie Flow[64] erleben.

Martin E. P. Seligman beschrieb zunächst die »Theorie des authentischen Glücks«, wonach Lebenszufriedenheit alleine das Glückserleben bestimmt. Die darauffolgende Forschung macht Wohlbefinden (Seligmans »Theorie des Wohlbefindens«) zum Hauptthema der Positiven Psychologie. Fünf Elemente tragen demnach zu Wohlbefinden bei und werden durch das Akronym PERMA beschrieben: **P**ositive Emotions – **E**ngagement – Positive **R**elationships – **M**eaning – **A**ccomplishment/Achievement. Das Erleben positiver Gefühle, unser persönliches Engagement, die Gestaltung positiver Beziehungen, Erfahren von Sinn sowie eine erfolgreiche Bewältigung beziehungsweise Zielerreichung sind damit wesentliche Faktoren für unser Wohlergehen. Diese Aspekte werden uns bei der Frage, was wir nun konkret für unser Glück tun können, wieder begegnen.

Frühe Prägungen spielen aus Sicht der Entwicklungspsychologen eine wesentliche Rolle für unser weiteres Leben. Es sind demnach die Startbedingungen, die uns auf einen einfacheren oder holprigeren Weg durchs Leben schicken. Entwicklungspsychologische Modelle zeigen auf, welche altersbezogenen Entwicklungsaufgaben bewältigt werden müssen und welchen Einfluss Störungen dieser Prozesse haben. Bedeutsame Erkenntnisse liefern dazu unter anderem Sigmund Freuds Modell der psychosexuellen Phasen und Stufenmodelle nach Jean Piaget, Robert Kegan und Jane Loevinger[65]. Es geht dabei im Wesentlichen um frühe, kindliche Impulse und Bedürfnisse, die Interaktion mit der Umwelt und die daraus resultierende Entwicklung internalisierter Denkmuster und innerer Repräsentationen, sogenannter Schemata. Kurz gesagt, wir dürfen in den ersten Lebensjahren in den entwicklungssensiblen Bedürfnissen nicht zu viel oder zu wenig bekommen, sind auf einen feinfühligen Umgang mit unseren Impulsen angewiesen und erlernen hochsensibel in unserer Umgebung, welche

Art der Interaktion »richtig« ist. Wenn wir uns also später wie die Axt im Wald verhalten, liegt das daran, dass wir dieses Muster unschuldig verinnerlicht haben? Wie viel Einfluss haben frühe Lebensbedingungen tatsächlich? Und was, wenn wir wenig Feingefühl im Kontakt mit unseren nächsten Bezugspersonen erfahren haben? Irreparabler Nährboden für Unglück in Beziehungen?

Wie prägend frühe Erfahrungen sind und dass sie aber auch im weiteren Leben verändert werden können, zeigen Ergebnisse der Bindungsforschung. Wissenschaftliche Studien aufbauend auf der Bindungstheorie nach John Bowlby und dem Einfluss mütterlicher Feinfühligkeit nach Mary Ainsworth zeigen eine hohe Bedeutsamkeit früher Bindungserfahrungen[66]. Entscheidend ist die Erfahrung mit engen Bezugspersonen, meist, aber nicht immer, den Eltern. Die früh erlernten Bindungsmuster und Bindungsstile (sicher, unsicher-vermeidend, unsicher-ambivalent, desorganisiert)[67] werden als wesentlich dafür gesehen, wie wir uns in der Welt der Beziehungen später bewegen. Vereinfacht ausgedrückt: Haben wir die Erfahrung sicherer, verlässlicher Bindung gemacht, fällt es uns leichter, Nähe zu anderen aufzubauen und gleichzeitig quasi selbständig die Welt zu erkunden. Wir fühlen uns sicher, können vertrauen, verlieren uns nicht in einer Beziehung. Hatten wir es eher mit wenig einfühlsamen, wenig verlässlichen, vielleicht sogar vernachlässigenden oder auch über-protektiven Bezugspersonen zu tun, werden wir eher Bindung vermeiden, unsere Autonomie betonen oder uns von Partnern abhängig machen. Die Bindungsfähigkeit und das Erleben sozialer Verbundenheit stellen, wie wir später noch aufzeigen werden, für die meisten Menschen einen ganz wesentlichen Aspekt für Glück dar. Die gute Nachricht ist, dass wir, auch wenn wir an dieser Stelle eher schlechte Karten mit auf den Weg bekommen haben, durch neue und korrigierende Erfahrungen im Laufe des Lebens (zum Beispiel in einer stabilen Partnerschaft oder auch in der Arbeit mit einem Therapeuten) mehr Sicherheit in Bindungen gewinnen können. Auch wenn die entwicklungspsychologische Forschung ihren Schwerpunkt in den ersten Lebensjahren hat und frühe Einflüsse gewiss prägend sind, hält Entwicklung das ganze Leben an. Vielmehr sind wir gefordert, sie als aktiven Prozess zu gestalten. Oder wie von Erich Kästner formuliert: »Es ist nie zu spät für eine glückliche Kindheit.«

Eine hohe Relevanz sozialer Verbundenheit für Glück legt auch eine bedürfnisorientierte Sicht nahe. Der Psychoanalytiker Heinz Kohut[68] vertrat die Ansicht, dass Zugehörigkeit ein Kernbedürfnis des Selbst darstellt. Es ist demnach grundlegend und wesentlich, sich mit anderen verbunden zu fühlen. Nach Abraham Maslows[69] Bedürfnishierarchie müssen zunächst physiologische Grundbedürfnisse und das Bedürfnis nach Sicherheit und Zugehörigkeit erfüllt sein, bevor eine Selbstentwicklung stattfinden kann. Demnach ist es erst möglich, sein volles Potenzial zu entfalten, wenn körperliches Wohlbefinden, Verbundenheit, Liebe und Zuwendung vorhanden sind.

Grundüberzeugungen über uns selbst und andere leiten uns dabei, wie und mit welchem Empfinden wir durch die Welt gehen. Unsere verinnerlichten »Glaubenssätze« bringen uns dazu, zurückhaltend, ängstlich-unsicher (»ich bin dumm, ich darf keine Fehler machen, ich muss meine Bedürfnisse zurückstellen«) oder narzisstisch-dominant (»mir steht eine besondere Beachtung zu, für mich gelten gewöhnliche Regeln nicht, tue was ich sage«) zu agieren. Wie lohnend es ist, sich mit den eigenen Gedanken und daraus resultierenden Impulsen bewusst auseinanderzusetzten, werden wir im Land der Gefühle noch genauer erkunden.

Die Resilienzforschung beschäftigt sich mit der Widerstandsfähigkeit der Menschen, um trotz Schwierigkeiten gesund zu bleiben. Sie untersucht Fähigkeiten und Einstellungen, die helfen, Krisen zu überstehen. Wie ist es möglich, trotz widriger Umstände einen Grundzustand von Zufriedenheit zu bewahren, schnell wieder zu erlangen oder sogar glücklich zu sein? Auch hier werden die genetische Ausstattung und früh entwickeltes Vertrauen und Selbstwertgefühl als relevant angesehen. Aaron Antonovsky[70] hat in den 70er Jahren das Konzept der Salutogenese entwickelt. Entscheidend um gesund zu bleiben, ist demnach ein Kohärenzgefühl (»Sense of Coherence«), welches sich aus den Komponenten Verstehbarkeit (Comprehensibility), Gefühl von Bedeutsamkeit oder Sinnhaftigkeit (Meaningfulness) und Handhabbarkeit (Manageability) zusammensetzt. Ist es also möglich, ein Verständnis für die Situation zu entwickeln, einer Erfahrung Bedeutung zuzuschreiben und ausreichend persönliche Bewältigungskompetenz zu erleben, lassen sich krisenhafte Ereignisse gut meistern.

Diese Fähigkeit zu Resilienz lässt sich im Verlauf des Lebens erwerben und trainieren. Dass auch schwerwiegende Traumata und Stress dem Glück nicht im Wege stehen, sondern es sogar fördern können, zeigt insbesondere das Phänomen des »posttraumatischen Wachstums«. Demnach werden durch einschneidende Lebensereignisse persönliche Reifungsprozesse angestoßen, wie eine Intensivierung der Wertschätzung des Lebens, Bewusstwerdung von Verletzlichkeit und eigenen Stärken. Zudem kann die Fähigkeit zu Empathie durch die eigene Erfahrung wachsen. Traumatische Erlebnisse verändern das soziale Gefüge. Kontakte gehen verloren, der Wert wahrer Freundschaft wird erkannt und was bleibt sind intensivere, erfüllendere Beziehungen. Weitere Veränderungen sind eine allgemeine Neuausrichtung und Entdeckung neuer Möglichkeiten im Leben, eine Auseinandersetzung mit existenziellen Fragen und Intensivierung eines spirituellen Bewusstseins mit der Entwicklung einer tieferen, durchdachteren und befriedigenderen Lebensphilosophie. Viktor Frankl[71] ist da als bekannte Persönlichkeit anzuführen, mit seiner Fähigkeit, trotz schmerzhafter Erfahrungen im Konzentrationslager, Ja zum Leben zu sagen.

Nicht zuletzt verfolgen psychotherapeutische Ansätze das Ziel, Menschen in die Lage zu versetzen, Entwicklungsschwierigkeiten, konflikthafte Lebenserfahrungen und Belastungen zu überwinden und neue Kompetenzen zu erwerben. Exemplarisch beschäftigt sich der psychotherapeutische Weg der Acceptance and Commitment Therapy zentral mit der Frage, wie Menschen ihre psychische Flexibilität verbessern und damit psychische Gesundheit und Widerstandsfähigkeit gewinnen können. Das Annehmen einer bewussten, werteorientierten Lebenshaltung, das Erlernen eines adäquaten Umgangs mit schwierigen Gedanken, einer Akzeptanz auch schwieriger Gefühlen und einer aktiven, engagierten Handlungsweise sind Aspekte dieses Vorgehens. Konkrete Elemente werden uns im weiteren Verlauf nochmals begegnen.

»Es ist nie zu spät, das zu werden, was man hätte sein können.«[72] In diesem Sinne ist es Zeit, einzelne Regionen etwas näher zu erforschen, die uns weiter in Richtung konkreter Schritte leiten.

## Im Land der (schwierigen) Gefühle

Herr K. blickt vergnügt auf die Anzeige des Börsenstandes, genüsslich trinkt er seinen Espresso. Da blinkt eine Message vom Geschäftspartner aus Hong Kong auf. Die Miene verfinstert sich, Herr K. spring auf, der Körper gespannt, ein wütender Ausruf hallt durch den Raum, die Faust landet auf dem Tisch.

Gefühle sind universell, angeboren und wie es scheint andauernde Begleiter, was auch immer wir tun. Die Universalitätstheorie von Emotionen wurde erstmals von Charles Darwin[73] vertreten. Seiner Ansicht nach haben Emotionen zum Teil angeborene, adaptive Funktionen, die bei der Bewältigung bestimmter, wiederkehrender Situationen helfen sollen. Zahlreiche empirische Studien bekräftigen diese Theorie. So konnte zum Beispiel bei Kleinkindern ungelerntes, affektives reaktives Verhalten erforscht werden. Dr. Paul Ekman hatte ursprünglich die Absicht, Darwin zu widerlegen, kam dann aber zur Bestätigung seiner Theorie und gehört zu den führendsten Forschern auf diesem Gebiet. Er identifizierte in Jahrzehnte langer Forschungsarbeit mit seinem Team grundlegende Basisemotionen, welche sich nonverbal, überkulturell bei allen Menschen (auch in sehr isoliert lebenden Gemeinschaften) bereits von Geburt an in Gesichtsausdrücken zeigen und gegenseitig erkannt werden. Die von ihm benannten sieben Basisemotionen sind Freude, Ärger, Angst, Traurigkeit, Verachtung, Ekel und Überraschung. Was hier auffällt: nur eine der sieben Grundemotionen ist ein rein positives Empfinden. Wir sind von Natur aus also besser ausgestattet uns differenziert schlecht zu fühlen?

Hier lohnt sich ein Blick in den Spiegel: Wie sieht Ihre Glücksmimik, Ihr Glücksausdruck aus? Wir können Freude ausdrücken, Entzücken, Interesse, Staunen, Jubel, Erleichterung, Vergnügtheit, strahlenden Stolz, positive Überraschung oder Neugier – aber Glück?

Die Basisemotionen sind dabei weit mehr als bloße Empfindungen. Gefühle werden immer begleitet von einer physiologischen Komponente, gedanklichen Prozessen und Handlungsimpulsen. Bei Angst schlägt das Herz schneller, es stockt der Atmen. Die Wut lässt die Fäuste ballen und strebt nach Angriff. Die Bewertung einer Situation steuert das persönliche Empfinden, auch wenn das nicht immer ganz auf der Hand liegt und (als konditionierte Verknüpfung) unmerklich schnell ablaufen kann. Wurde zum Beispiel etwas in der Lerngeschichte als bedrohlich abgespeichert, macht es Angst. Ob wir nun selbst vom Hund gebissen wurden, den Biss bei jemandem anderen beobachtet haben oder lediglich von der Mutter immer wieder »Vorsicht, ein Hund« hörten, ist dabei nicht unbedingt relevant. Wir sehen einen Hund und wechseln die Straßenseite. Anders, wenn wir mit Hunden aufgewachsen sind, viele positive Erfahrungen gesammelt haben und leichtere Bisse beim Spiel diese Grundhaltung nicht verändern konnten.

Zur Frage wie Emotionen genau entstehen, finden sich in der Geschichte der Psychologie unterschiedliche, zum Teil widersprüchliche, Erklärungsansätze. Nach der viel diskutierten Theorie von William James und Carl Lange[74] sind bei Emotionen neben dem Gefühlsempfinden auch physiologische und kognitive Prozesse relevant. Die daraus entwickelte Zwei-Faktoren-Theorie von Stanley Schachter[75] besagt, dass Emotionen überhaupt erst durch Körperreaktionen entstehen. Das Gefühlserleben tritt demnach auf, nachdem eine körperliche Reaktion stattgefunden hat und diese wahrgenommen wurde. Das kann zu Fehlinterpretationen führen. So nahmen bei einer Untersuchung Männer bedeutsam häufiger zu einer attraktiven Frau Kontakt auf, wenn sie über eine gefährliche Hängebrücke laufen mussten als wenn es sich um eine sichere Brücke gehandelt hat. Die hohe Erregung durch Angst wurde fälschlicherweise einer Erregung durch die Anziehung der Frau zugeschrieben. Zahlreiche Studien belegen das Phänomen derartiger Fehlinterpretation. Führen wir uns somit selbst an der Nase herum? Wir sind im lauten Diskogeschehen unter Stress und denken es ist ein Zeichen unserer Verliebtheit für den netten Barkeeper? Wir sind im ängstlichen Dauerrausch des Termindrucks und denken es ist das Glück des modernen Lebens? Der Zusammenhang zwischen Empfinden, Denken, Körper und Verhalten ist eindrücklich komplex. Gefühle sind mehr als ein reines Erleben, das sei an dieser Stelle wesentlich.

Wir sind fühlende Wesen und zeigen unser Befinden, ob wir das möchten oder nicht. Selbst bei dem Versuch, Empfindungen zu kontrollieren, können wir sogenannte Mikroausdrücke nicht verhindern. Worin liegt darin der Nutzen? Facial Mimicry, die unbewusste Imitation der Mimik anderer Personen, hilft, Gefühle zu dekodieren und angemessen sozial zu reagieren. Schauen wir in das

Gesicht unseres Gegenübers, reagieren wir automatisch, nicht unbedingt sichtbar, mit Aktivität in der kongruenten Muskulatur. Der Musculus Zygomatikus Major, der Lachmuskel, wird zum Beispiel aktiviert, wenn wir in ein lachendes Gesicht schauen. Über die Aktivität von Spiegelneuronen haben wir zudem die Fähigkeit zu Empathie und Mitgefühl, können uns in das Erleben anderer hineinversetzen. Die Erfahrung, dass Gefühle und Stimmungen ansteckend sind, haben wir alle schon einmal gemacht. Das Glück des anderen, ein freundlicher Ausdruck, kann somit zum eigenen Glück beitragen – und natürlich auch andersrum. In der heutigen Zeit der schriftlichen (Kurz)Nachrichten fällt der Kanal der Mimik weg, wird vielleicht noch durch Emojis ersetzt. Wie diese Art der Kommunikation das emotionale Miteinander beeinflusst, ist ein spannendes Forschungsfeld. Die Mitteilung aus Hong Kong in Kombination mit einer freundlich, versöhnlich, beschwichtigenden Mimik des Geschäftspartners könnte eine andere emotionale Wirkung bei Herrn K. haben.

So scheinen wir ständig verbunden mit Emotionen, bewusst oder unbewusst. Wie schon beschrieben bevorzugen wir dabei das schöne Empfinden. In dem Bemühen negative Gefühle »wegzumachen« sind wir durchaus kreativ. So mag an mancher Stelle eine Ablenkung helfen und ein Blick auf das Foto seiner Tochter könnte bei Herrn K. schnell wieder sanftere Gefühle hervorrufen. Möglicherweise greift er aber auch zur Whiskey-Flasche, nur ein kleiner Schluck natürlich. Es gibt Momente, da scheinen uns schwierige Gefühle geradezu zu überfluten. Wir haben den Eindruck nicht mehr ein Gefühl zu erleben, sondern das Gefühl durch und durch zu sein. Oder aber wir bemühen uns ein negatives Gefühl mit aller Anstrengung weit weg von uns zu halten, indem wir uns ablenken, betäuben, verleugnen, verdrängen, wegrationalisieren. Nur was wir auch tun, so richtig mag es nicht gelingen. Oder war es Ihnen schon mal möglich, ein Empfinden, das Sie nicht haben wollten, wirklich und andauernd abzustellen?

Es verhält sich wie mit dem kognitiven Paradox: wenn Sie an alles denken dürfen, nur nicht an einen rosa Elefanten, wird, an was Sie auch denken, der rosa Elefant immer mit dabei sein. Vertreter der Acceptance and Commitment Therapy beschreiben den Umgang mit schwierigen Gedanken und Gefühlen in einer einfachen Metapher, die Sie gerne im Selbstversuch testen können:

**Übungsanleitung in Anlehnung an Russ Harris:**

- Setzen Sie sich und nehmen Sie sich einen Gegenstand, wie ein Klemmbrett, eine Arbeitsmappe, ein Blatt, ein Buch, Ihren Laptop – etwas in dieser Art.
- Stellen Sie sich vor, dieser Gegenstand steht für alle schwierigen Gedanken, Gefühle und Erinnerungen, die Sie momentan beschäftigen oder mit denen Sie sich schon länger quälen oder welche Ihnen einfach immer wieder begegnen.
- Halten Sie nun diesen Gegenstand direkt vor Ihr Gesicht. Am besten so, dass Ihre Nase ihn berührt. Halten Sie ihn gut fest. Bleiben Sie so für einen Moment und lassen es auf sich wirken.
  - Wie ist es auf diese Weise mit den schwierigen Gedanken und Gefühlen verbunden zu sein?
  - Was nehmen Sie noch von Ihrer Umgebung wahr?

  Es wird Ihnen unmöglich sein, so zu verweilen und gleichzeitig weiter zu lesen. Sie können dem nachspüren, wie es uns geht, wenn wir von einem Gefühl überflutet werden, völlig darin versinken, mit schwierigen Gedanken verschmelzen. Sie können in diesem Moment nichts anderes sehen und nichts anderes mit Ihren Händen tun.
- Halten Sie nun den Gegenstand mit beiden Händen und ausgestreckten Armen so weit von Ihnen weg, wie nur irgendwie möglich. Bringen Sie dabei so viel Kraft auf wie es erforderlich ist, wenn Sie sich zudem vorstellen, dass von der Gegenseite eine Kraft vorhanden ist, die den Gegenstand ständig zu Ihnen zurückschieben möchte. Bleiben Sie so für einen Moment und lassen es auf sich wirken.
  - Wie ist es auf diese Weise mit den schwierigen Gedanken und Gefühlen verbunden zu sein?
  - Was nehmen Sie jetzt von Ihrer Umgebung wahr?
  - Wie geht es Ihnen mit der Vorstellung für die nächsten Stunden in dieser Position zu bleiben?

  Diese Haltung wird Ihnen einiges an Energie abverlangen. Zwar ist nun Ihr Blick freier und Sie können durchaus mehr wahrnehmen, aber je länger Sie so verweilen, umso deutlicher werden Sie die Anstrengung spüren. Das ist es, was wir erleben, wenn wir mit aller Anstrengung versuchen, ungewollte Gedanken und Gefühle aus unserem Erleben zu verbannen, zu vermeiden mit ihnen in Kontakt zu kommen.

- Legen Sie nun den Gegenstand auf Ihren Schoß. Legen Sie ihn einfach ab. Bleiben Sie so für einen Moment und lassen es auf sich wirken.
  - Wie ist es auf diese Weise mit den schwierigen Gedanken und Gefühlen verbunden zu sein?
  - Was nehmen Sie jetzt von Ihrer Umgebung wahr?

  Machen Sie sich bewusst: Auch in dieser Haltung, sind die schwierigen Gedanken und Gefühle noch da! Sie können sie bewusst wahrnehmen und sich gleichzeitig um die Dinge kümmern, um die es jetzt in Ihrem Leben gehen soll. Sie können eine Unterhaltung führen, einen geliebten Menschen umarmen, lesen, arbeiten … Dies bedeutet eine achtsame, akzeptierende Haltung einzunehmen.

Herr K. wäre demnach also aufgefordert, sich seines Ärgers bewusst zu werden und in diesem Bewusstsein zu entscheiden, was er nun benötigt, um mit der Situation gut zurechtzukommen. Vielleicht erst einmal durchatmen, die Welle des Ärgers vorüberziehen lassen. Stattdessen ruft er seine Sekretärin und beschwert sich über eine unerledigte Aufgabe und den schlechten Espresso, gibt den Druck weiter … Nach dem Ansatz der Acceptance and Commitment Therapy heißt glücklich sein nicht, sich immer gut oder immer noch besser zu fühlen. Es geht vielmehr darum, sich besser zu fühlen und damit wirklich lebendig zu sein. Das bedeutet, sich für das ganze Spektrum menschlicher Empfindungen zu öffnen und mit allen Erfahrungen ein reiches, erfülltes und sinnvolles Leben zu führen. Auch schwierige Gefühle sind Bestandteil eines glücklichen Lebens! Sie annehmend wahrzunehmen und ihnen auf gute Art und Weise zu begegnen ist wesentlicher Bestandteil einer Schulung von Achtsamkeit und Selbstmitgefühl.

Gefühle annehmen, heißt dabei auch Abstand von automatischen (wertenden) Gedanken zu finden. »Nicht die Dinge beunruhigen die Menschen, sondern die Vorstellung von den Dingen«, wie von Epiktet vor fast 2000 Jahren formuliert. In seiner *Anleitung zum Unglücklichsein* beschreibt Paul Watzlawick anschaulich den Einfluss von Gedanken auf unsere Gefühle.

In einer Geschichte, die den Titel tragen könnte »Wie der Kopf Ärger produziert« berichtet er von einem Mann, der ein Bild aufhängen möchte, wozu ihm allerdings der Hammer fehlt. Er überlegt, sich diesen einfach vom Nachbarn zu leihen. Mit dieser Idee kommen ihm auf einmal Zweifel in den Sinn. Könnte es sein, dass der Nachbar ihm den Hammer gar nicht borgen möchte? Er erinnert sich an Situationen, in welchen der Nachbar irgendwie kurzangebunden war. Könnte es sein, dass der Nachbar etwas gegen ihn hatte? Obwohl es dazu keinen Grund gab? Der Gedanke breitet sich in dem Mann immer mehr aus, wird zur Gewissheit so dass letztendlich eine richtige Wut auf den Nachbarn wächst – eine Unverschämtheit, dass ihm dieser ohne Grund diesen Gefallen ausschlagen wird! Völlig aufgebracht klingelt der Mann schließlich beim Nachbarn und bevor dieser irgendetwas sagen kann, schreit ihn der Mann an, dass er doch seinen Hammer gefälligst behalten soll …

Wir produzieren ununterbrochen Gedanken, die meisten bleiben dabei sogar noch unbewusst, wir sind wahrlich Meister im Geschichten erzählen. Den größten Fehler, den wir begehen, ist dabei noch anzunehmen, dass das, was wir denken, tatsächlich der Wahrheit entspricht. Dabei ist alles, was im Kopf passiert, geprägt von gelernten Glaubenssätzen, Überzeugungen, Vorstellungen, Erfahrungen, Zielen … unsere ganz persönlichen Muster, wie wir eben die Welt sehen. Zu erkennen, dass Gedanken keine Fakten und erst einmal nur Gedanken sind, mag zunächst irritieren, stellt aber einen wirksamen Schritt dar, den Einfluss der Gedanken auf das Erleben zu durchschauen. Therapeutisch nutzt man dieses Wissen zum einen bei Techniken der kognitiven Umstrukturierung, zum Beispiel im sogenannten Sokratischen Dialog. Das bedeutet, dysfunktionale Gedanken zu identifizieren und korrigieren – vereinfacht nach dem Motto: Erkenne was du denkst, prüfe deine Gedanken und ob sie dir helfen, dich so zu fühlen, wie du möchtest, korrigiere sie entsprechend. Dabei liegt der Fokus nicht auf positivem Denken (ich rede mir jetzt alles schön), sondern auf funktionalem Denken (was ist wirklich hilfreich). Ein weiterer therapeutischer Weg (im Vorgehen nach der Acceptance and Commitment Therapy) zielt darauf ab, größeren Abstand von den eigenen Gedanken zu bekommen und sich von ihnen, wie von einem plappernden Radio im Hintergrund, weniger automatisch beeinflussen zu lassen. Wenn ich mir bewusstmache, dass ich erstmal nur einen Gedanken habe, habe ich mehr Möglichkeiten auf ihn zu reagieren, als wenn ich ungeprüft glaube, was ich denke – wie bei der Geschichte mit dem Hammer. Was es bedeutet sich noch weiter von Gedanken zu lösen, geradezu gedankenfrei zu werden, stellen wir beim Zen-Training noch dar.

Ein wesentlicher Schritt ist zunächst überhaupt eine Idee zu entwickeln, wie der Ausstieg aus dem emotionalen und gedanklichen Autopiloten aussehen könnte. Die Umsetzung erfordert viel Übung, Geduld und das Leben schickt jede Menge Fallstricke. »Geistige Immunität« zu erlangen, wie sie der Dalai Lama beschreibt, benötigt gewiss eine hohe Intensität an Praxis. Er bezieht sich damit auf die Fähigkeit, auf einer rationalen Ebene zu akzeptieren, dass wir es mit einem ernsthaften Problem zu tun haben und auf einer tiefen, emotionalen Ebene gleichzeitig Ruhe zu bewahren. Ebenso wie an der Oberfläche des Ozeans oft viele Wellen vorhanden sind, es in seiner Tiefe aber ganz ruhig bleibt.[76] Desmond Tutu betont im Dialog mit ihm, dass es wesentlich ist zu lernen, welche Dinge bei uns starke Gefühle auslösen und wie wir damit umgehen können. Er sensibilisiert aber auch dafür, uns nicht zu verurteilen, wenn wir menschlich reagieren. Negative Gedanken und Gefühle sind unvermeidlich, sie zu akzeptieren und uns selbst zu verzeihen, ganz wesentlich. Wie weit wir im Umgang mit negativen Empfindungen sind, ist demnach Ausdruck unterschiedlicher Stadien im Zyklus emotionalen Lebens. Aber wertvoll doch im Blick zu haben, in welche Richtung Entwicklung möglich ist und wie wir damit unser und anderer Leid verringern und Glück fördern können.

»Was ist dieses Selbst in uns, dieser stille Beobachter, dieser strenge wortlose Kritiker, der uns ohne Erbarmen beherrschen und uns zu vergeblichen Bemühungen antreiben kann, und uns am Ende, der Irrtümer wegen, in die uns seine eigenen Vorwürfe trieben, noch strenger richtet?«[77] In uns sitzt unser strengster Kritiker, eine gedankliche Wertungsmaschine, die uns bis zur Selbstzerfleischung fertigmachen kann. Zwar mag es durchaus Zeitgenossen geben, die an niemand anderem ein gutes Haar lassen und nur ins eigene Spiegelbild lächeln – aber auch derartigem narzisstischen Gebaren liegt in der Regel ein tiefer Selbstzweifel zugrunde. Um sich davon zu befreien und sich quasi selbst von innen heraus zu heilen, gibt es über wirkliche Selbstfürsorge und Selbstmitgefühl einen Weg zur emotionalen Resilienz. Kristin Neff schlägt in ihrem Buch die Entwicklung eines persönlichen Mantras des Selbstmitgefühls vor. Beruhigende Sätze an sich zu wenden hat wenig mit spirituellem Aberglauben, viel mit der Fähigkeit zur Gefühlsregulation zu tun. Ein Mantra könnte in schwierigen Momenten nach Neff lauten: »Dies ist ein Moment des Leidens. Leid gehört zum Leben. Möge ich in diesem Moment freundlich zu mir selbst sein. Möge ich mir selbst das Mitgefühl schenken, das ich brauche.« Ausführliche praktische Anregungen dazu finden Sie im Übungsteil des Buches. Mit mir selber reden? Nee, das ist schräg, so ein Psychokram! So mag es Ihnen jetzt durch den Kopf gehen. Ein verständlicher Einwand. Dabei geht es bei diesen Übungen um nichts anderes als um die Fähigkeit, sich bei schmerzhaften Gefühlen selbst zu trösten, bei sich zentriert zu bleiben und wirkliches Selbstvertrauen zu entwickeln. Fähigkeiten, die stärken. Unser Ego, das was wir glauben zu sein, steht uns manchmal im Weg, neue, ungewohnte Dinge auszuprobieren. An dieser Stelle mag die Empfehlung von Eckhart Tolle[78] angebracht sein: »Nimm dein Ego nicht so ernst. Wenn du dich dabei ertappst, dass dein Verhalten vom Ego bestimmt ist, dann lächle. Bisweilen wirst du sogar lachen müssen. Wie konnte die Menschheit so lange auf so etwas hereinfallen?« Unsere Empfehlung: Probieren Sie die Dinge aus und prüfen Sie für sich aus der Erfahrung heraus, ob es Ihr Weg ist.

Aus der psychologischen Forschung wissen wir, dass Gefühle auch konditionierten Prozessen unterworfen sind. Orte und Situationen, an welchen wir gute Erfahrungen gemacht haben, aktivieren diese bei wiederholter Begegnung automatisch. Besonders spürbar ist das bei Sinneseindrücken. Das Parfum eines geliebten Menschen ruft ein wohliges Gefühl hervor, wenn es uns irgendwo zufällig begegnet. Bei traumatischen Erfahrungen kann das in die andere Richtung enorm belastende Auswirkungen haben. Ein relevanter Aspekt ist hierbei auch die von Seligman benannte erlernte Hilflosigkeit. Nach wiederholter Erfahrung, dass keine Möglichkeit besteht, eine unangenehme Situation zu verändern, resultiert ein Verharren in der Situation, auch dann noch, wenn eine Veränderung möglich wäre. Passivität und Verstärkerverlust führen in eine depressive Abwärtsspirale. Die automatische Reaktion auf negativ konditionierte Situationen ist meist die Vermeidung. Wir versuchen Orte, Personen, Situationen zu vermeiden, die mit einem negativen Gefühl verbunden sind. Das kann kurzfristig hilfreich sein, führt langfristig oft zu erheblichem Leiden. Entscheidend ist nach Seligman, die eigene Selbstwirksamkeit zu erhöhen. Diese entsteht durch einen aktiven

Bewältigungsstil, Kompetenz- und Kontrollerleben und eine persönliche Klärung der Sinnhaftigkeit der Situation, wie in seinem Konzept der Salutogenese beschrieben. Es soll hier nicht unerwähnt bleiben, dass depressives Denken nicht unbedingt falsches Denken ist. So manch eine dunkel gefärbte Wahrnehmung mag angemessener sein, als der Blick durch die heiter-rosa Brille. Man spricht hier vom depressiven Realismus. Der nun, wie schnell ersichtlich wird, nicht gerade mit Fröhlichkeit assoziiert ist.

Dass zum Glück der Fülle auch Schmerz gehört und damit auch eine Bereitschaft, mit schmerzhaften Erfahrungen in Kontakt zu kommen, haben wir bereits erläutert. Entscheidend ist dabei, den Schmerz zuzulassen, um Leiden zu vermeiden. Leid entsteht aus Schmerz multipliziert mit Widerstand, oder wie Hermann Hesse formuliert: »Nur Widerwille ist es, der weh tut, sonst nichts.« In einer Geschichte, die auf Buddha zurückgeht, heißt es:

»Wenn wir verletzt werden, ist es, als würde uns ein Pfeil treffen. Das ist Schmerz. Es tut weh. Doch es gibt noch einen zweiten Pfeil, unsere Reaktion auf die Verletzung, unser Zorn, unsere Sehnsucht nach Rache. Dieser zweite Pfeil geht über den Schmerz hinaus. Das ist Leiden.« Dies zu leben, bedeutet, den Schmerz als etwas anzunehmen, was zu den Erfahrungen des Lebens dazugehört. Sich nicht dagegen auflehnen. Nicht den zweiten Pfeil auf sich selbst abzuschießen.

## Im Land des Priming – wer bestimmt eigentlich wohin wir gehen?

Jetzt mag Ihnen die Sache mit den Gefühlen schon sehr komplex vorkommen – und es wird noch undurchsichtiger. Konditionierungsprozesse haben wir schon erwähnt. Wie weit wir unbewusst gesteuert werden und ob wir überhaupt noch von einem freien Willen sprechen können, schauen wir uns im Land des Priming genauer an. Priming bedeutet, dass die Verarbeitung von Reizen durch vorausgehende, bereits abgelegte und aktivierte Gedächtnisspuren (Assoziationen) beeinflusst wird. Das Denken wird damit durch Vorerfahrung gesteuert und dabei auch durch die Aufnahme von Reizen, die uns nicht mal bewusst sind.

Beginnen wir mit einem kleinen Experiment: Was sehen Sie in der folgenden Auflistung von Rechnungen?

$6 + 3 = 9$
$2 * 6 = 12$
$3 - 2 = 1$
$8 : 4 = 2$
$5 * 5 = 25$
$9 - 8 = 1$
$3 + 3 = 7$
$6 * 6 = 36$
$9 : 3 = 3$
$4 + 7 = 11$
$4 * 2 = 8$
$8 + 1 = 9$

Fällt Ihnen ein Fehler auf? Willkommen im Club einer fehlerkonditionierten Gesellschaft, deren Mitglieder bereits mit 6 Jahren lernen, dass ein roter Korrekturstift deutlich macht: »das ist falsch«. Nur eine minimale Minderheit erkennt ein falsches und elf richtige Ergebnisse oder gar nur elf richtige Ergebnisse. Worauf unser Blick gerichtet ist, ist das Ergebnis von Priming.

John A. Bargh hat in seinem bekannten Priming-Experiment den sogenannten Florida-Effekt nachgewiesen. Versuchspersonen sollten zunächst aus vorgegebenen Wörtern Sätze bilden. Für eine weitere Aufgabe mussten sie in einen anderen Raum am Ende des Korridors gehen. Das Forschungsinteresse lag darin, wie lange die Personen für diese Wegstrecke benötigen. Die Versuchspersonen, welche für die Satzbildung Wortlisten wie »Florida, vergesslich, Glatze, grau, Falte« bekommen hatten, also Begriffe, die mit alten Menschen assoziiert werden, gingen tatsächlich bedeutsam langsamer den Korridor entlang als eine Kontrollgruppe mit neutralen Begriffen.

Wie diese Beispiele zeigen, können wir uns unbewussten Prägungen und Einflussnahmen kaum entziehen, beziehungsweise solange wir uns derer nicht bewusst sind, sind wir in dieser Landschaft einfach gefangen. In dieser befinden sich alle nur erdenklichen Bereiche unseres Lebens, von Vorlieben über Abneigungen bis hin zum

Selbstkonzept. Wie könnte nun ein unbewusst verankertes Konzept in Bezug auf Manager aussehen? Manager erleben wir meist als ernste Zeitgenossen, mehr noch, wir haben sogar diese Erwartungshaltung ihnen gegenüber, weil wir »ernst sein« und »Ernsthaftigkeit« zu gerne miteinander verwechseln. Ersteres verträgt sich nicht mit Heiterkeit, das zweite sehr wohl. Wie tief sich die Figur des ernst in die Runde blickenden Topmanagers bereits bei ganz jungen Menschen eingeprägt hat, zeigt folgende Untersuchung aus den USA: Kinder zwischen acht und dreizehn Jahren sollten anhand von unterschiedlichen Porträtfotos erraten, welches Gesicht dem Anführer einer Gruppe gehört. Die überwiegende Zahl der Befragten zeigte auf ein Männergesicht mit finster zusammengezogenen Brauen und bestätigte damit eine Wertung und Erwartung, nach der sich Macht mit düsterer Miene behauptet. Der bärbeißig blickende Wirtschaftskapitän reagiert also auch auf eine Erwartungshaltung seiner Umwelt, wenn er ohne Heiterkeit und mit strenger Miene sein Unternehmen führt. Wir können hier einen Bogen zum Gottesbild der patriarchalen, monotheistischen Religionen schlagen. Weder der Gott der Christen noch Jahwe noch Allah werden lachend dargestellt, da sie auch an keiner Stelle der heiligen Texte als lachend beschrieben sind. Damit entsprechen sie exakt jenem seit drei Jahrtausenden propagierten Bild, wie man sich einen Big Boss vorzustellen hat. Kein Wunder, dass viele Manager keine Ahnung von der positiven Wirkung des Lächelns und Lachens auf Kunden und Kollegen haben. Die gesellschaftliche Erwartung an eine einflussreiche Führungskraft ist folglich ernst zu sein!

Es ist lohnenswert, dem im Alltag einmal genauer nachzugehen, an welcher Stelle unsere Entscheidungen und Haltungen das Ergebnis von Priming sind. Werbung arbeitet explizit damit und Markennamen suggerieren Konsumenten gerne Glück, wie wir später[79] noch zeigen werden. Können wir uns jedoch letztendlich überhaupt bewusstmachen, was uns unbewusst steuert? Sind damit unsere Entscheidungen wirklich unsere Entscheidungen? Und in dieser Konsequenz weitergedacht: Gibt es tatsächlich einen freien Willen? Oder wie Schopenhauer es ausdrückt: »Der Mensch kann wohl tun, was er will, aber er kann nicht wollen, was er will.«

## Im Land der Physiologie und Neurologie – Messbarkeit von Glück?

Wenn es um derartige Automatismen geht – unbewusste Verknüpfungen von Reizen und Reaktionen –, stellt sich die Frage, wo dafür die Basis liegt. Dies führt uns auf der Reise weiter zur genaueren Betrachtung von Körperregionen und -prozessen. In den vergangenen Jahren sind immer mehr Erkenntnisse der Neurowissenschaften in den Fokus der Aufmerksamkeit geraten. Wir beleuchten nun die Verbindung zwischen Körper, Gehirn und Empfinden, Prozesse der Reizverarbeitung, Neuroplastizität und der Funktion von Glücksbotenstoffen.

### »Heart beating« – Glück im Körper

Schmetterlinge im Bauch, Kribbeln im Magen, das Herz hüpft ... oder doch der Kloß im Hals, etwas, das schwer im Magen liegt, die Laus, die über die Leber läuft oder das in die Hose gerutschte Herz? Im Sprachgebrauch wird die enge Verbindung zwischen Körper und Erleben deutlich. Es handelt sich dabei keineswegs um Einbildung oder Mythen. Unser Erleben hat immer auch eine körperliche Komponente, eine unwillkürliche Reaktion des vegetativen Nervensystems. Diese lässt sich sogar messen. Wie äußert sich nun Glück konkret in körperlichen Prozessen? Glück ist, wenn das Herz tanzt? Wir machen uns danach auf die Suche, indem wir erstmal das Gegenteil betrachten: Wie zeigt sich Unglück, was passiert bei Stress, Anspannung und negativen Gefühlen im Körper?

Stress versetzt uns in die Lage, Höchstleistungen zu erbringen. Stress ist somit eine Bewältigungsstrategie, um auf das Leben mit seiner Veränderlichkeit und seinen Unsicherheiten erfolgreich zu reagieren. Es handelt sich um eine Anpassungsleistung, die wir mit unseren tierischen Verwandten gemein haben. Diese tief im Körper verwurzelte Stressreaktion ist hoch komplex. Zweierlei ist in diesem Zusammenhang hervorzuheben: das sympathische Nervensystem und die HPA (Hypothalamus-Hypophysen-Nebennierenrinden)-Achse. Was bei Stress im Körper passiert, entspricht im Grunde einer Alarmreaktion.

Das autonome Nervensystem ist vor allem für die unwillkürliche, automatische Anpassung an sich verändernde Umstände verantwortlich. Hierzu gehört das sympathische Nervensystem beziehungsweise der Sympathikus, der den Körper in erhöhte Leistungsbereitschaft versetzt, ihn auf Kampf oder Flucht vorbereitet (»fight-or-flight«-Reaktion). In einer Stresssituation werden insbesondere die Amygdala und der Hippocampus im emotionalen limbischen System aktiviert, welche Signale an das sympathische Nervensystem senden. Um den Körper kampf- oder fluchtbereit zu machen, wird der Herzschlag beschleunigt und mehr Blut in die Muskulatur der Extremitäten gepumpt. Die Skelettmuskeln werden somit vermehrt mit Sauerstoff und Nährstoffen versorgt, die für die Bereitstellung von Energie in Form von ATP (Energieträger in den Zellen) durch die Oxidation von Glukose und Fett benötigt werden. Durch Steigerung des Blutdrucks, der Umlaufgeschwindigkeit des Blutes und durch Erweiterung der Blutgefäße der Muskulatur werden die Muskeln intensiv durchblutet. Der Blutdruck steigt durch die Erhöhung der Schlagfrequenz und des Schlagvolumens des Herzens – dies mittels einer Verengung der herznahen Blutgefäße. Der vermehrte Sauerstoffbedarf wird durch Verstärkung der Atmung (Ventilation) und durch Ausschwemmen roter Blutkörperchen aus den blutbildenden Geweben gedeckt. Der erhöhte Nährstoffbedarf wird durch Freisetzung von Fettsäuren aus dem Fettgewebe und von Glukose aus dem Glykogenvorrat der Muskeln und der Leber gestillt. Für eine bessere Sicht werden die Pupillen erweitert. Zudem schickt die Amygdala ein Signal an den benachbarten Hypothalamus, der wiederum ein Signal an die Hypophyse sendet. Diese setzt Hormone frei, die schließlich den Nebennieren signalisieren, Stresshormone wie Adrenalin oder Cortisol in das Blut abzugeben. Die skizzierten Vorgänge entlang der HPA-Achse mögen kompliziert erscheinen, laufen aber innerhalb weniger Sekunden ab. Wenn Sie darauf achten, können Sie in einer Stresssituation die körperlichen Veränderungen wahrnehmen, ausgelöst von Hormonen in ihrem Blutkreislauf. All die beschriebenen Prozesse lassen sich medizinisch messen.

Aufgrund der historischen Entwicklung, der Evolution, ist der Mensch bestens darauf vorbereitet, mit extremem Druck und mit akutem Stress umzugehen. Erkannten wir den Schatten eines Dinosauriers, »explodierte« das gesamte Körpersystem: Wir sind dann unglaublich schnell und voller Kraft. So konnten unsere Vorfahren diesen Ungeheuern entfliehen und im Schutze einer Höhle das System wieder »runterfahren«. Aber mit mittlerem oder auch leichtem langfristigen Stress können wir nicht umgehen. Und diese Art von Stress ist der heute übliche – ein Stress, den fast jeder schon einmal kennengelernt hat. Chronischer Stress macht krank – aber warum eigentlich?

Anhaltender Stress bedeutet, dass wir ständig im Aktivierungsmodus bleiben und der sympathische Gegenspieler, der Parasympathikus (das parasympatische Nervensystem), der mit Entspannung und dementsprechenden Körperfunktionen verbunden ist, nicht zum Zuge kommt. Es fehlt somit auf Dauer die Balance mit deutlichen Folgen: Stress dämpft zum einen unser gastrointestinales System, unsere Verdauung – es ist nicht sinnvoll, körperliche Ressourcen auf die Verdauung von Nahrung zu verwenden, während man vor einem Tiger flüchtet, und hält der Stress an, treten Verdauungsstörungen auf, wie Verstopfung und Durchfall oder auch Magen- und Darmgeschwüre, sowie Resorptionsstörungen, es fehlt uns an wichtigen Nährstoffen.

Zweitens schwächt Stress das Immunsystem. Die Bekämpfung von Krankheiten wird während der Flucht vor dem Tiger ausgesetzt – oder auch wenn wir unter Zeitdruck versuchen, ein Projekt zum Abschluss zu bringen. Nimmt der Stress zu, nimmt die Leistungsfähigkeit des Immunsystems ab, weshalb wir, wenn wir unter Stress stehen, anfälliger sind für Grippe und Erkältung. Umgekehrt können kranke Menschen Heilung erfahren, wenn sie Stress mindern.

Ein drittes System, das durch Stress beeinträchtigt wird, ist das Herz-Kreislauf-System. Inzwischen ist wohl allgemein bekannt, dass Stress einer der wichtigsten Risikofaktoren für einen Herzinfarkt ist.

Viertens wird auch das endokrine System, zuständig für unseren Hormonhaushalt, durch Stress gestört, die Produktion von Fortpflanzungshormonen wird unterdrückt, auf der Flucht vor dem Tiger haben wir schließlich keine Zeit für Sex. In der Folge sinkt die Libido, und weitere Symptome machen sich bemerkbar, wie zum Beispiel ein ausgeprägtes Prämenstruelles Syndrom bei Frauen.

Fünftens sorgt Stress für Veränderungen in unserem Nervensystem, so lässt Stress die Konzentration des Neurotransmitters Serotonin sinken, welcher Stimmung, Schlaf und Verdauung reguliert. Im Gehirn kann dies einen wahren Teufelskreis auslösen: Das Stresshormon Cortisol sensibilisiert und stimuliert die Amygdala, die »Alarmglocke« des Gehirns. Dadurch wird das Gehirn verstärkt auf eine Stressreaktion vorbereitet, was wiederum zur verstärkten Bildung von Cortisol führt. Zudem schwächt Cortisol den Hippocampus. Dieser Gehirnteil trägt normalerweise dazu bei, dass wir uns an den Kontext erinnern, in dem wir uns aktuell befinden. Er ist aber auch dafür zuständig, die Amygdala zu beruhigen und die Freisetzung von Cortisol zu mindern. Eine längerfristige hohe Cortisol-Freisetzung aufgrund von Stress kann, so wurde nachgewiesen, den Hippocampus um bis zu 25 Prozent schrumpfen lassen. In der Folge läutet die Alarmglocke im Gehirn immer lauter und der Hippocampus, der die Alarmglocke ausschalten könnte, wird immer schwächer. Dieser Teufelskreis lässt uns immer anfälliger für Stress werden: Wir erfahren mehr Stress und auch für die Zukunft sind wir durch unseren erhöhten Stresshormonspiegel sensibilisiert für Stress.

Im Körper passiert also jede Menge, wenn wir in Stress geraten. Fühlen wir uns wohl, kommen wir in einen entspannten Zustand, die Alarmreaktion kann runterfahren, das paarsympathische System für Ausgleich sorgen. Messen lässt sich hier mehr die Abwesenheit von Stresssymptomen und die Anwesenheit von tiefer Atmung, ruhigem Herzschlag, entspannter Muskulatur und ausgeglichenem Hormonspiegel. Studien zu körperlichen Auswirkungen regelmäßiger meditativer Praxis zeigen eine Abnahme der Substanz der Amygdala und damit reduziertes Angst- und Stresserleben. Weniger Cortisol im Blut, niedrigerer Blutdruck, erweiterte Blutgefäße und ein gestärktes Immunsystem sind weitere nachgewiesene Effekte. Entspannung und Meditation verändern den Körper in Richtung Wohlgefühl und ebenso Bewegung und achtsame Körperarbeit. Glück ist damit auch im Körper verankert und über ihn steuerbar.

### Tanz der Endorphine – Glück im Gehirn

Zu der Frage, wie sich unser Erleben im Körper widerspiegelt, wollen wir nun den Blick noch gezielter auf Prozesse und Strukturen im Gehirn richten. Endorphine (eigentlich endogene Morphine) sind unsere »körpereigenen Drogen«. Es ist nicht nötig, ein »Sträßchen« zu ziehen – wir haben alle Stoffe in uns, welche für einen »Glücksrausch« von Nöten sind. Glückshormone wie Dopamin, Noradrenalin und Serotonin werden in den »Belohnungszentren« des Gehirns ausgeschüttet. Nur, wie kommen wir zu diesem »Glückscocktail« im Gehirn, wie aktivieren wir das Drogenlabor zwischen unseren Ohren?

Durch Alkohol, Haschisch, Opium, Kokain, durch eine breite Palette von Psychopharmaka wie Valium, durch synthetische Drogen wie Ecstasy-Pillen (auf denen zynisch ein Smiley falsches Glück verspricht) und LSD lassen sich unsere Stimmungen und Emotionen je nach Intensität des Konsums verändern. Beginnend in der Flower-Power-Zeit und ihren »Drogenexperimenten« hat sich mit der Neurochemie eine eigene humanwissenschaftliche Forschungsrichtung etabliert, welche die Wirkung chemischer Stoffe auf unser Gefühlsleben und unser Verhalten untersucht. Zu den wichtigsten Leistungen dieser Disziplin gehört die Entdeckung, dass nicht nur von außen zugeführte Tranquilizer, Narkotika und »Glückspillen« in der Lage sind, unser Gefühlsuniversum anzuregen, sondern dass unser Körper selbst über chemische Stoffe mit ähnlichem oder gleichem Wirkungsprofil verfügt. So entdeckten die Wissenschaftler Botenstoffe zwischen den Nervenzellen im Gehirn, sogenannte Neurotransmitter, deren Wirkung schmerzstillenden, angstlösenden oder glücklich machenden, Valium-ähnlichen Substanzen entspricht. Noradrenalin ist für unternehmungsfreudige Aktivität verantwortlich, Serotonin für eine ruhige, ausgeglichene Gemütsverfassung, Dopamin pusht die Fantasie und unseren Einfallsreichtum, es macht uns aufgeweckt und aufmerksam.

Salopp ausgedrückt bedeutet dies: Jeder Mensch trägt ein Mohnfeld oder eine Kokaplantage sowie ein eigenes chemisches Labor zur Aktivierung der Drogen mit sich im Kopf herum. Das Positive daran: Die körpereigenen Transmitter sind von ihrem Wirkungsprofil ganz auf den menschlichen Körper zugeschnitten, was »Nebenwirkungen« ausschließt. Dabei sind diese körpereigenen »Drogen« hochspezifisch und bereits in extrem niedriger Konzentration aktiv, wovon Pharmaproduzenten mit ihren synthetischen Mitteln nur träumen können. Die möglichen Kapazitäten, dieses Labor bewusst und gezielt zu nutzen, wurden bis vor Kurzem von der Naturwissenschaft und der entsprechend ausgerichteten Schulmedizin verhalten interpretiert, zumal etliche Abläufe der körpereigenen Drogenaktivierung und ihrer Steuerung durch bestimmte Gehirnregionen erst am Beginn ihrer Erforschung stehen. Dass es aber eine bewusste, willentliche und wunschgerechte Stimulierung der Drogenaktivierung in unserem Kopf gibt, steht außer Frage.

Mit Blick auf andere Kulturen und deren Rituale, wie zum Beispiel Trance-Tänze oder schamanistische Praktiken, gewinnen wir eine

Vorstellung davon, wozu unser Gehirn in der Lage ist. Ein Beispiel: Von den Sadhus, den heiligen Männern Indiens, kennen wir Praktiken, bei denen offensichtlich jedes Schmerzempfinden ausgeschaltet sein muss: das wochenlange Sitzen während tiefer Meditation in den eisigen Schneewüsten des Himalaja sowie das Durchbohren von Zunge und Hals mit dolchartigen Nadeln. Bei den Prärieindianern Nordamerikas gab es eine Initiationszeremonie für junge Männer, während derer sie sich Haut und darunterliegendes Muskelgewebe mit Haken durchbohrten, um daran schwere Büffel- und Bärenschädel aufzuhängen. Das Sprichwort vom Indianer, der keinen Schmerz kennt, hat in diesem Ritual seinen Ursprung. In Wirklichkeit kennt der Indianer sehr wohl Schmerz, allerdings weiß er, mit welchen Techniken er sein Gehirn stimulieren kann, um schmerzblockierende Botenstoffe zu aktivieren.

Die Mechanismen, mit denen wir Botenstoffe im Gehirn gezielt stimulieren können, stehen jedem Menschen zur Verfügung, und können, zum Beispiel über eine fundierte Meditationspraxis, erlernt werden. In den von der aristotelischen »Vernunftphilosophie« und später von der Aufklärung geprägten, Ratio orientierten Gesellschaften des Westens wurde dieses alte Wissen allerdings mit der Christianisierung als teuflisch, heidnisch und irrational diskreditiert. Dadurch geriet es weitgehend in Vergessenheit.

Auch intensives Lachen löst biochemische Vorgänge aus und nach herzhaftem Lachen, wir kennen das alle, stellt sich ein rauschartiges Glücksgefühl ein. In einer Studie von Dean Mobbs von der kalifornischen Stanford University ist gezeigt worden, dass bei Heiterkeit und Lachen die Aktivität im Mesolimbischen Dopaminsystem, dem Belohnungssystem im Gehirn, ansteigt. Der Aktivitätsanstieg ist umso stärker, je mehr man lacht. Das Dopaminsystem ist immer dann aktiv, wenn man sich euphorisch fühlt, einen Glückszustand empfindet. Seine Aktivierung erfolgt in unterschiedlichem Ausmaß, zum Beispiel durch guten Sex, durch den Konsum von Opium, Kokain, Alkohol und anderen Drogen, oder eben auch durch Lachen. Zum Nachweis, wie nah Kichern und Koksen beieinanderliegen, ließ Mobbs sechzehn Testpersonen Cartoons mit hintergründigen Witzen betrachten und beobachtete, welche Regionen des Gehirns aktiv wurden, sobald die Probanden den Witz verstanden hatten und zu lachen begannen. Am intensivsten reagierte der Bereich des Nucleus Accumbens, ein Teil des zerebralen Belohnungssystems. Beginnt man aufgrund eines Witzes oder einer heiteren Situation zu lachen, wird genau in dieser Region das euphorisierende Dopamin aktiviert.

Die belohnende Wirkung bei Reizung bestimmter Hirnareale zeigten Mitte der 50er Jahre Untersuchungen von James Olds und Peter Milner. Dabei wurden Ratten gezielt Elektroden im Gehirn implantiert. Für die Nager wurde im Käfig eine kleine Vorrichtung installiert, über die sie selbst Stromimpulse an den Elektroden auslösen konnten. Durch Herunterdrücken eines kleinen Hebels war es ihnen nun möglich, ihr mesolimbisches Dopaminsystem anzuregen. In dem Versuch zeigte sich, dass die Tiere richtiggehend süchtig nach den stimulierenden Stromimpulsen wurden. Sex und Nahrungsaufnahme interessierten sie dagegen nicht mehr, stattdessen drückten sie den Hebel immer wieder in schneller Abfolge und hörten selbst dann nicht auf, als sie bereits völlig erschöpft waren. Mit anderen Worten: Die Ratten zeigten typisches Suchtverhalten. Und das ist beim Menschen nicht anders: Der euphorisierende Dopaminrausch belohnt, wir wollen mehr davon.

Eine andere Art von Wohlbefinden, ausgelöst durch zwischenmenschliche Kontakte beziehungsweise intime Beziehungen, lässt sich auch über das »Bindungshormon« Oxytocin erklären. Dieses wird von der Hypophyse zum Beispiel bei zärtlicher Berührung ausgeschüttet, weshalb es auch als »Kuschelhormon« bezeichnet wird. Es spielt auch beim Geburtsvorgang und der Interaktion zwischen Mutter und Kind eine zentrale Rolle. Das Wohlfühlhormon Oxytocin wirkt stressregulierend, Umarmen und Kuscheln stärken somit das Immunsystem.

Über bildgebende Verfahren lassen sich zudem strukturelle Veränderungen im Gehirn zum Beispiel nach intensiver Meditation sichtbar machen. Aufnahmen aus der Magnetresonanztomographie zeigen neben den beschriebenen strukturellen Veränderungen in der Amygdala auch Veränderungen in der Region des Hippocampus, welcher bei anhaltendem Stress, wie bereits erwähnt, nachweislich schrumpft. Bei der Neuroplastizität handelt es sich um die Fähigkeit des Gehirns, sich an veränderte Bedingungen anzupassen und neue synaptische Verbindungen herzustellen. Es ermöglicht eine adaptive Reservation und

Neustrukturierung. Anhaltender Stress und glückliche Gelassenheit hinterlassen somit Spuren, die nicht nur fühlbar, sondern auch in der Bildgebung sichtbar sind.

### Ein Ausflug zum Lachen

Wie wir gesehen haben, erzeugt Lachen ein Feuerwerk im Gehirn und selbst ein inneres Lächeln kann den Blick auf eine Situation merklich verändern. Versuchen Sie das doch direkt einmal, während Sie vielleicht gerade angestrengt diese Zeilen lesen oder beim Lesen noch ein ungelöstes Problem im Nacken sitzen haben. Verändern Sie nichts, aber versuchen Sie innerlich zu lächeln. Wenn es Ihnen wie den meisten geht, ist Ihnen jetzt direkt ein äußerlich sichtbares Lachen herausgerutscht – macht aber nichts! :-) Verändert es irgendetwas? Die Zeilen sind noch die gleichen, das Problem im Nacken auch. Lachen löst, es entspannt, und das auch, wenn es nur innerlich stattfindet. Ilona Papousek[80], eine Neuropsychologin, geht noch einen Schritt weiter, wenn sie behauptet: «Intensives Lachen hat sogar ein gewisses Suchtpotenzial. Man will es immer und immer wieder. Was in diesem Fall aber begrüßenswert ist. Denn Lachen macht uns fröhlich und heiter für den Alltag. Und vor allem: Die Droge Lachen hat nur positive Nebenwirkungen.« Da so viel Glückspotenzial in diesem Ausdruck steckt, wollen wir uns dem nochmals genauer zuwenden.

Begriffe wie Embodiment oder Facial Feedback drücken die enge Verknüpfung, das Wechselspiel, zwischen Körper und Erleben aus. Nach der Facial-Feedback-Hypothese beeinflussen Gesichtsmuskelaktivitäten das eigene emotionale Erleben. Embodiment bezieht sich auf den wechselseitigen Zusammenhang zwischen körperlichem und psychischem Zustand. Wir zeigen körperlich wie es uns seelisch geht – wenn wir etwa gebückt voller negativer Gedanken durch die Straße laufen. Und unser seelisches Erleben verändert sich, wenn wir körperlich etwas verändern. Wenn wir lächeln oder uns aufrichten, sind die Probleme nicht gelöst, aber wir fühlen uns anders. Der Atem fließt freier, der Blick ist offen, Spannung kann aus Schultern und Nacken weichen und es kann uns vorkommen, als könnten wir einfach ein bisschen loslassen.

Der Pariser Arzt Guillaume-Benjamin Duchenne de Boulogne hat sich mit der Erforschung des Lachens schon vor über 150 Jahren beschäftigt.

Er wollte den Zusammenhang zwischen der Mimik eines Menschen und dem Spiel seiner Gesichtsmuskeln erforschen. Hierzu befestigte er Elektroden im Gesicht von Versuchspersonen und aktivierte die Muskeln mit Stromstößen. Während der Versuche entdeckte Duchenne de Boulogne in der linken und rechten Gesichtshälfte je einen Muskel, der die Mundwinkel nach oben zieht und uns lächeln lässt. »Muskel der Freude« nannte er ihn, in der modernen Anatomie spricht man vom Zygomaticus Major – eben der Muskel, der uns beim Phänomen des Facial Mimicry bereits begegnet ist. Über diesen Muskel lässt sich Lachen somit auch bewusst stimulieren.

Wissenschaftlich erforscht hat diesen Effekt der Sozialpsychologe Fritz Strack[81]. In wiederholten Versuchen ließ er eine Gruppe von Männern und Frauen über einen Zeitraum von gut zehn Minuten Bleistifte mit nach innen gestülpten Lippen derart mit dem Mund halten, dass die Mundwinkel wie beim Lächeln nach oben gezogen waren. Mit verblüffendem Erfolg: Die Teilnehmer des Versuchs begannen der Reihe nach zu lachen, bis einigen sogar die Stifte aus dem Mund fielen. In einer nachfolgenden Befragung gaben die Probanden an, dass sie sich heiter und beschwingt fühlten, während sie sich vor dem Versuch als in »emotional neutraler Verfassung« bezeichneten. Bei der Beurteilung von Comics in der gleichen Position, beurteilen die Probanden, welche mit nach oben gezogenen Mundwinkeln die Cartoons betrachteten, diese als wesentlich lustiger als die andere Gruppe. Was passierte bei diesem Versuch? Über die länger anhaltende motorische Aktivierung des Zygomaticus Major bekommt das Gehirn das Signal: »Der Mund schmunzelt oder lacht gar.« Das führt zu einer Stimulierung verschiedener, beim Lachen aktiver Gehirnareale. Diese reagieren, indem sie selbst durch neuronale Impulse dann ein echtes Lachen einleiten. In etlichen japanischen Unternehmen ist dieses Experiment sehr populär. Vor Arbeitsbeginn wird für ein paar Minuten diese Übung durchgeführt, um Manager wie Mitarbeiter in gute Laune zu versetzen. Einziger Unterschied zu Stracks Versuch: Statt Bleistiften verwenden die Japaner Essstäbchen.

Lachen ist somit Ausdruck von Wohlergehen, reguliert, ist gesund und hat eine soziale Funktion. Da Lachen nicht nur heiter macht, sondern auch der Heilung dient, gibt es nicht zuletzt Initiativen wie Klinik Clowns. Wer glaubt, dass es in Medizin, Psychotherapie und Coaching immer ernst zugeht, täuscht sich. Lachen hilft Blockaden zu lösen und Affekte zu regulieren, und wenn es gelingt, auch ein bisschen über sich selbst zu lachen, verlieren Nöte oft an Schwere. Lachen und Lächeln gehören somit eindeutig zum Glück, sowohl zum Überschwänglichen als auch zum Stillen. So wie auch zur Erleuchtungserfahrung, wie wir im Kontext des Zen noch darstellen werden.

## Los gehts! – 10 psychologische Wegweiser auf der Reise zum Glück

Die psychologische Forschung zeigt, wir haben eine Art Grundausstattung aus genetischer Veranlagung und körperlicher Prädisposition, frühen Entwicklungs- und Bindungserfahrungen, persönlichen Überzeugungen, inneren Repräsentationen, Ressourcen und Vulnerabilitäten. Unseren ganz persönlichen Rucksack, den wir tragen. Und wir können es gleichzeitig aktiv in die Hand nehmen, unser Glück zu gestalten.

Erkenntnisse jüngerer Glücksforschung sollen als Wegweiser dienen. Was trägt bei zu unserem Glück, einem Glück der Fülle? Wegweiser zeigen einen Weg – Sie entscheiden natürlich, welche Richtung(en) Sie einschlagen möchten. Manche Impulse mögen Ihnen nun schon etwas vertraut sein, andere werden wir im Laufe des Buches noch vertiefen, wenn wir uns mit den wirtschaftlichen Aspekten des Glücks befassen.

Die Forscher sind sich einig: Andere Menschen zählen, wir brauchen die Verbindung! Die Bedeutung von positiven Beziehungen wurde zahlreich untersucht und deren Einfluss auf die Erfahrung von Glück scheint herausragend und weltweit zu gelten.

Wegweiser 1: Pflegen Sie verlässliche und vertrauensvolle Freundschaften und den Kontakt zu Menschen, die Ihnen wichtig sind! Achten Sie bei allem beruflichen und Erfolgsstreben darauf, sozial gut eingebunden zu sein, private zwischenmenschliche Beziehungen auf Augenhöhe zu haben. Helfen Sie anderen Menschen, bauen Sie Brücken. Relevant ist hier die Qualität der Beziehungen, nicht die Quantität! Mit welchen Menschen umgebe ich mich wirklich gerne, wo werde ich angenommen und kann mich offen austauschen? Einsamkeit gilt als wichtigster Zerstörer von Glück. »Menschen, die einen Freund verlieren, müssten materiell mit dem Sechsfachen ihres Einkommens entschädigt werden, um den Schmerz des Verlustes aufzuwiegen«.[82]

Einen Menschen zu haben, mit dem man auch in schwierigen Zeiten vertraut reden kann, stärkt zudem nachweislich die Abwehrkräfte.

Wegweiser 2: Investieren Sie in eine befriedigende, stabile Liebesbeziehung! Gestalten Sie diese aufrichtig und liebevoll. Lassen Sie Ihre Partnerschaft nicht unter die Räder der Alltagsanforderungen kommen, sondern geben Sie auf diese wirklich acht. Nehmen Sie sich Zeit, Ihre Kinder zu begleiten. Validieren Sie ihr Empfinden, seien Sie präsent und für sie da. Zu leicht sehen wir die Menschen, die stabil in unserem Leben sind, als selbstverständlichen Bestandteil unserer Komfortzone. Passung und Stabilität in einer verlässlichen Beziehung sind schützende Faktoren, Nährboden für Glück und Gesundheit. Studien zeigen: Verheiratete Menschen sind glücklicher, wobei die kausalen Zusammenhänge nicht ganz klar sind. Trennungen zählen zu den schwer zu bewältigenden Krisen und werden meist im Trubel des Businessgeschehens erst dann schmerzhaft spürbar, wenn der Partner unwiderruflich weg ist. Berufs- und Finanzstatus spielen da eine völlig untergeordnete Rolle.

Wegweiser 3: Riskieren Sie nicht Ihre Gesundheit für Ihren Erfolg! Gehen Sie achtsam mit sich selbst um. Achten Sie auf gesundheitsförderliche Gewohnheiten und nehmen Sie Alarmsignale des Körpers ernst. Verlangen Sie Ihrem Körper kein mechanisches Funktionieren ab, als wäre er ein bloßes Werkzeug. Erlauben Sie sich regelmäßige Erholungs- und Entspannungsphasen und entwickeln Sie ein gutes Bewusstsein für Ihre Bedürfnisse sowie passende Strategien zur Stressbewältigung.

Wegweiser 4: Sorgen Sie für Ihre Fitness. Bewegen Sie sich! Treiben Sie Sport. Machen Sie es zur Routine und integrieren Sie Bewegung in Ihren Alltag. Suchen Sie sich einen Sport aus, der Ihnen wirklich Freude bereitet und mit dem sich Ihr Körper wohlfühlt. Widmen Sie sich einer bewussten Körperarbeit wie Yoga, Qigong oder Kampfkunst statt einem Körpertuning mit Waage, Maßband oder Proteinpulver.

Wegweiser 5: Beschäftigen Sie sich mit den Dingen, die Sie antreiben, seien Sie aktiv! Entlarven Sie Ihr persönliches Aufschiebe- und Vermeidungsverhalten, bewegen Sie sich aus der Komfortzone von TV, Fertigpizza und beruflichen Vorgaben. Mehr Fernsehen bringt weniger Glück. Übernehmen Sie wirklich Verantwortung für Ihr Leben und setzen Sie sich engagiert für Ihre persönlichen Ziele ein. Begeistern Sie sich, bleiben Sie offen zu lernen und verwandeln Sie Information in Wissen und Wissen in Weisheit. Leisten Sie Ihren Beitrag!

Wegweiser 6: Finden Sie einen persönlichen Sinn in Ihrer Arbeit und geben Sie Ihrem Leben eine tiefere Dimension! Prüfen Sie Ihre Werteausrichtung: Worum soll es in Ihrem Leben wirklich gehen? Worauf ist der Kompass Ihres Lebens ausgerichtet? Pflegen Sie eine Meditations- und Achtsamkeitspraxis, erweitern Sie Ihr Bewusstsein! Suchen Sie das für Sie wertvolle Leben, statt gierig kurzen Glücksmomenten hinterherzujagen. Glück selbst begünstigt wiederum moralisches Verhalten.

Wegweiser 7: Lassen Sie sich auf Ihr ganz persönliches Leben ein! Vergleichen Sie sich nicht mit anderen und versuchen Sie nicht nach einem vermeintlichen Ideal des eigenen Lebens zu streben. Würdigen Sie Ihre biographischen Prägungen und Ihre Individualität. Zwischen dem tatsächlichen Verlauf des Lebens und einem persönlichen oder gesellschaftlichen Ideal liegt meist eine große Kluft. Akzeptieren Sie Veränderungen und Ihre persönliche Geschichte. Versuchen Sie in jeder (neuen) Situation das verborgene Potenzial zu erkennen. Lernen Sie Erfahrungen (immer auch) aus einer anderen Perspektive zu sehen. Erlaube Sie sich auch zu scheitern und wenn es das Leben erfordert, offen ein Versager zu sein – »ehrlich zu scheitern ist ein verkannter Freund«.[83]

Wegweiser 8: Nehmen Sie sich selbst wahr und fokussieren Sie Ihre Talente! Entwickeln Sie ein Bewusstsein für Ihr eigenes Temperament und Ihren Charakter, so wie er ist, nicht so wie Sie ihn haben wollen. Haben Sie Zutrauen in Ihre Fähigkeiten und akzeptieren Sie sich selbst. Erlauben Sie sich wirklich zu fühlen, erlauben Sie sich auch Momente von Traurigkeit und Unglück in Ihrem Leben. Erkennen Sie Ihre blinden Flecken, ungeliebte eigene Anteile und stoppen Sie Grübeln. Betrachten Sie sich selbst ehrlich und liebevoll und zeigen Sie sich ohne Maske. Oder wie es der Gesprächstherapeut Carl Rogers in Bezug auf die Entfaltung des Selbst ausdrückt: »Wenn ich mich so, wie ich bin, akzeptiere, dann ändere ich mich.« Um glücklich zu sein, müssen Sie anfangen, Ihr wahres Selbst, Ihr Leben zu lieben. »Ich teile mit Milliarden von Menschen die Erde, aber mit niemandem meine Einzigartigkeit.«[84]

Wegweiser 9: Üben Sie Dankbarkeit! Seien Sie dankbar und drücken Sie Dankbarkeit aus! Dankbarkeit hilft, positive Erfahrungen im Leben zu genießen, steigert das Selbstwertgefühl, hilft im Umgang mit Stress, fördert moralisches Verhalten, schafft soziale Bande, verhindert Neid und Vergleiche, mindert oder verhindert negative Gefühle wie Gier, Ärger, Verbitterung, Eifersucht und hilft gegen hedonistische Anpassung. Dankbarkeit hat sogar ein körperliches Korrelat: Sie stimuliert den Hypothalamus, der für die Stressregulierung wesentlich ist. Hören Sie auf nach Dingen zu streben, die nicht mehr Glück bringen. Studien zeigen, mehr Geld bringt (zumindest nach einer gewissen Grundsicherung, wie wir im dritten Kapitel des Buches noch genauer sehen werden) nicht mehr Glück. Je materialistischer wir sind, desto unzufriedener sind wir mit unserem Leben. Nachdenken über Geld schafft Distanz und großzügigere Menschen sind glücklicher. Genießen Sie, was Sie bereits haben. Schätzen Sie den Wert ihres Lebens!

Wegweiser 10: Tun Sie Dinge, die Ihnen Freude bereiten, welche mit positiven Gefühlen verknüpft sind! Positive Gefühle schaffen Glück und Glück sorgt für mehr positive Gefühle. Genießen Sie! Essen Sie Eis! Spielen Sie mit Kindern! Tanzen Sie! Leben Sie mit all Ihren Sinnen. Gehen Sie in die Natur! Beschäftigen Sie sich mit Freude damit, was wirklich zu Ihnen passt, was für Sie wirklich im Leben zählt, mit Ihren Zielen und übergeordneten persönlichen Werten. Seien Sie sich der schönen Dinge im Leben bewusst. Lächeln Sie ☺ Lernen Sie von Kindern Leichtigkeit und Offenheit für Wissen, Neues, Unterschiede, Engagement und Menschen. Sorgen Sie für Flow-Erleben, richten Sie sich bewusst im Hier und Jetzt aus und schaffen Sie gute Gewohnheiten. »Ich würde ihnen raten, nicht nach dem Warum und Woher zu fragen, sondern ihr Eis zu essen, bevor es schmilzt.«[85]

Ein guter Weg einzelnen Impulsen nachzugehen, kann darin bestehen, sich vorzustellen, bereits im Land des Glückes angekommen zu sein und schon das verändert oder vertieft zu haben, was Ihnen erstrebenswert erscheint. Erinnern Sie sich an die Wunderfrage? Was machen Sie glücklich automatisch anders? Glück ist zuletzt natürlich nicht das Ziel der Reise, sondern die Art wie wir reisen, unser Tun, unsere Ausrichtung und Haltung, die Art und Weise wie wir unseren Träumen Leben geben.

## Wenn der Weg steinig wird

### Geschichte: Ein alte Zen-Geschichte über schwer und leicht

*Es war einmal ein berühmter Zen-Laie namens Busol. Er war ein erleuchteter Mann. Seine Frau war erleuchtet, ebenso sein Sohn und seine Tochter.*

*Eines Tages kam ein Mann zu Busol und fragte: »Ist Zen schwer oder leicht?«*

*Busol sagte: »Oh, es ist sehr schwierig. Es ist genauso, als ob Du versuchst, mit einem Stock den Mond zu schlagen.«*

*Der Mann war verwirrt und zerbrach sich den Kopf. Wenn Zen so schwer ist, wie hat dann Busols Frau die Erleuchtung erlangt?*

*Er ging also zu ihr und stellt ihr die gleiche Frage.*

*Sie antwortete: »Das ist das Leichteste der Welt. Es ist leichter, als sich beim morgendlichen Waschen an die Nase zu greifen.«*

*Nun war der Mann vollkommen verwirrt. »Ich verstehe nichts mehr. Ist Zen leicht? Ist Zen schwer? Wer hat Recht?«*

*Deshalb fragte er ihren Sohn. Der Sohn sagte: »Zen ist weder schwer noch leicht. Auf den Spitzen von 100 Grashalmen sitzt das ganze Ziel der Patriarchen.«*

*Nicht schwer?*

*Nicht leicht?*

*Was ist es dann?*

*Also ging der Mann zur Tochter und fragte sie: »Dein Vater, deine Mutter und dein Bruder haben jeder eine andere Antwort gegeben. Wer hat nun recht?«*

*Sie sagte: »Machst du es dir schwer, dann ist es schwer. Machst du es dir leicht, dann ist es leicht. Denkst Du nicht, dann ist die Wahrheit genauso, wie sie ist. Sage mir jetzt – worauf richtet sich dein Geist gerade in diesem Moment?«*

*Der Mann war total verwirrt. Plötzlich gab ihm die Tochter einen Schlag: »Wo ist jetzt schwer und wo ist jetzt leicht?« Da verstand der Mann. Denke also nicht darüber nach, ob Zen leicht oder schwer ist.*

Beachtung soll noch den Stolpersteinen geschenkt werden: Wie können wir verhindern wieder rauszufallen, wenn wir doch schon mal das Land des Glücks gefunden haben?

Was im Körper bei Stress passiert, haben wir schon erfahren. Dass damit in stressigen Zeiten der Weg zum Glück beziehungsweise zur Bewahrung des Glückserlebens etwas holpriger sein kann, liegt nahe. Was können wir tun?

Wie bei allem, was wir uns im Leben bewahren möchten, ist Gewohnheit wichtig. Es geht darum, Wege »auszutreten«, einen neuen Trampelpfad breiter werden zu lassen, bis er irgendwann wie eine Autobahn unter allen Umständen, also auch im Dunkeln, erkennbar und gut befahrbar wird. Ein Symptom von chronischem Stress ist das Gefühl der Fragmentierung, ein Gefühl nie genug Zeit zu haben, nicht präsent sein zu können. Wir suchen dagegen einen ruhigen, freudigen Daseinszustand. Erzbischof Tutu meinte einmal, dass Menschen oft annehmen, er brauche besonders viel Zeit zum Beten und Nachdenken, weil er eine religiöse Führungspersönlichkeit sei. Menschen, die wie Geschäftsleute, Freiberufler und Arbeiter auf dem freien Markt lebten, bräuchten seiner Meinung nach aber viel mehr davon.[86] Der Übungsteil dieses Buches soll mit konkreten Anleitungen eine Hilfestellung geben, »dranzubleiben« und den Weg zu vertiefen.

Ein Weg Stress zu reduzieren besteht darin, Bedrohungen als Herausforderung zu sehen. Dies hat sogar einen Einfluss auf Telomere, die Enden der Chromosomen, welche unsere Zellen vor Alter und Krankheit schützen und von gedanklichen Mustern beeinflusst werden können. Nach der Stressforscherin Elissa Epel und der Molekularbiologin Elizabeth Blackburn »hören Zellen den Gedanken zu«[87]. Achten wir also gut darauf, wie wir in stressigen Zeiten mit uns reden – ob wir uns mit Strenge antreiben oder liebevoll begleiten. Gerade in schwierigen Zeiten brauchen wir unsere Zuwendung!

Unser Gehirn ist zum (und auf) Glück trainierbar – mithilfe der sogenannten selbstgesteuerten Neuroplastizität. Wir verringern unsere

Stressreaktivität und schaffen ein Gefühl der Ausgeglichenheit, entwickeln einen »Gelassenheitsschutz« und dadurch mehr Verbundenheit mit anderen sowie positive Emotionen. Dies mindert physisches wie psychisches Leiden und steigert unsere Lebensqualität und -zufriedenheit, unseren inneren Frieden. »Neurons who fire together, wire together«, weiß man aus der Neuropsychologie: Neuronen, die zusammen aktiviert werden, vernetzen sich. Uns das zunutze machend, können wir unser Gehirn verändern und gezielt Übungen einsetzen, um das zu aktivieren, wovon wir uns mehr wünschen.

Was uns aus der Balance bringt, ist letztendlich eine sehr persönliche Angelegenheit. Was den einen kaltlässt, treibt beim anderen den Puls in die Höhe. Die eigenen Stressoren zu kennen, hilft, durch einen achtsamen Umgang vorzubeugen, vom Stress überflutet zu werden und adäquate Bewältigungsstrategien letztendlich überhaupt anwenden zu können. Um wirkliche Selbstfürsorge zu betreiben, lohnt damit ein möglichst genauer Blick auf die Frage: Was bringt mich wirklich aus meinem Gleichgewicht?

Ein Beispiel: Sie sollen unter Zeitdruck ein Projekt zum Abschluss bringen, haben aber nicht die nötigen Ressourcen und werden womöglich immer wieder unterbrochen. Sie kommen unter Druck, sind nicht in der Lage zu einer erfolgreichen Lösung zu kommen. Körper und Geist sind in höchster Aktivität: Herzschlag und Adrenalinkonzentration im Blut steigen, die Gedanken rasen, natürlicherweise zeigen sich negative Gefühle wie Frustration und Sorge. Sie denken nun vermutlich nicht nur an die zu bewältigende Aufgabe, sondern malen sich zudem Szenarien aus, wie Sie es doch noch schaffen oder eben nicht. Sie sehen sich als Versager, minderwertig, agieren in einem Gefühl von Anspannung und negativem Empfinden.

Oder ein anderes Beispiel: Sie haben aus irgendeinem Grund finanzielle Sorgen, und fragen sich, ob Sie nun alle Ihre Rechnungen noch bezahlen können. Das Gleichgewicht, das hier gestört ist, betrifft das Gefühl der finanziellen Sicherheit. Die Bedrohung lässt sie fragen: Was soll ich tun? Wie ist dieses Problem zu lösen? Negative Gefühle wie Sorge und Angst werden Sie womöglich lähmen – oder wie geht es Ihnen, wenn Sie Rechnungen erhalten, die Sie nicht begleichen können, oder einen Brief vom Finanzamt mit einer bösen Überraschung?

Womöglich tauchen noch andere Emotionen auf: Sie sind wütend auf sich selbst, weil Sie sich in diese Lage gebracht haben, oder wütend auf Ihre/n Partner/in, weil er oder sie verschwenderisch mit Geld umgeht. Auch in diesem Fall zeigt sich wahrscheinlich eine starke Anspannung: Sie fühlen sich womöglich bedrängt und machtlos, größere Kräfte spielen mit Ihnen, haben Sie im Griff.

Oder dieses dritte Beispiel: Ob nun bei der Arbeit oder in der Familie – jemand enttäuscht Sie, wertet Sie ab, als wären Sie unwichtig. Das kann ein Kollege sein, der Sie herablassend behandelt, oder Ihre jugendliche Tochter, die Sie als »Riesenidiot« bezeichnet – Situationen, wie sie tagtäglich passieren. Hier wird das Gleichgewicht gestört, welches das Gefühl der Zugehörigkeit betrifft, der Zugehörigkeit, die Sie mit anderen Menschen verbindet, die Ihnen wichtig sind. Diese Sicherheit der Zugehörigkeit war in der menschlichen Evolution über Millionen von Jahren entscheidend für das physische Überleben. In der Folge werden auch heute noch Körper und Geist so aktiviert, dass wir in der Lage sind, uns der Bedrohung unseres Lebens zu stellen – eine starke Stressreaktion. Gleichzeitig melden sich negative Empfindungen wie Angst vor Verlust und Ablehnung, Kummer, Scham und nagende Gefühle von Wertlosigkeit.

Ob nun in diesen Beispielsituationen oder all den anderen möglichen Lebenslagen: Stresssituationen stellen ein Zusammenspiel aus situativen Bedingungen, eigenen Überzeugungen und Gefühlen dar und aktivieren, wie wir gesehen haben, Programme in Körper und Geist, die es uns ermöglichen sollen, damit umzugehen. Wir reagieren auf das Leben, passen uns der veränderten Lebenslage an, versuchen kleinere oder größere Krisen zu überstehen. Das kann nun auf mehr oder weniger gesunde beziehungsweise glückliche Weise geschehen. In stressigen Zeiten neigen wir, das ist allgemein bekannt, insbesondere zur Kompensation durch Substanzen wie Alkohol, Schokolade und Nikotin, Aktivitäten wie Fernsehen und Computer spielen sowie Reaktionen von Reizbarkeit und Missgunst. Achtsamkeit und Selbstmitgefühl stellen dagegen effektive Methoden dar, bei Stress nicht unter die gesundheitsgefährdenden Räder zu geraten. Es lohnt sich, gerade in Krisenmomenten und bei besonderen Herausforderungen Energie aufzuwenden, in Glück zu investieren: Glückliche Menschen fühlen sich gesünder, pflegen einen gesünderen Lebensstil und leben tatsächlich länger. Man kann von einem evolutionären Vorteil von Glück ausgehen, ganz nach dem Motto: Survival of the happiest.

## 2.3 Zen in der Kunst des Glücks

»Glück ist wie ein Schmetterling. Wenn wir ihn
erhaschen wollen, entwischt er uns.
Doch wenn du dich ganz still hinsetzt,
macht er es sich möglicherweise auf dir bequem.«

*Nathaniel Hawthorne*

Vor langer Zeit versammelte Buddha Shakyamuni seine Anhänger auf dem Gridhrakuta, dem heiligen Adlerberg am Fuß des Himalaya, und hielt einen Vortrag über das Lotus-Sutra, welches von der Erlösung aller Lebewesen handelt. Anschließend setzte er sich unter einen Baum und begann für eine lange Zeit zu schweigen. Mitten in dieser Stille nahm Buddha eine Blume und hob sie in die Höhe, damit alle Menschen um ihn herum sie sehen konnten. Dabei schwiegen auch sie nach dem Vorbild des Erhabenen. Nur einer mit dem Namen Mahakashyapa begann zu lachen. Da sprach Buddha: »Ich besitze den Korb der wahren Lehre, in dem die Seligkeit des Nirwana sich spiegelt, das wahre Sein, die formlose wahre Form, die nicht auf Worten und Buchstaben beruht, eine besondere Überlieferung außerhalb der Schriften. Dies alles vertraue ich dem Mahakashyapa an.« Nicht der Intelligenteste, nicht der Stärkste, nicht der Demütigste, nicht der Mutigste, nicht der Bescheidenste, sondern Mahakashyapa, der einfach lachte, wurde damit der erste Nachfolger Buddhas. Diese Anekdote führte in der Folge zu einem intensiven Diskurs unter buddhistischen Gelehrten. Zwei Deutungen stehen sich gegenüber: Hat Mahakashyapa gelacht, weil er sich im Zustand der Erleuchtung befand – oder hat er Buddha selbst und die andächtig in die Stille lauschenden Anhänger ausgelacht?

Bald nach Buddhas Tod brachten indische Mönche und Vertreter der Erleuchtungslehre die Worte des Erhabenen über die Berge des Himalaya nach China, wo sich innerhalb weniger Generationen sehr eigenständige Richtungen entwickelten. Der Chan-Buddhismus und dessen japanische Variante des Zen gehören zu ihnen. Besonders in den Lehren von Chan und Zen hat das Lachen, eine herausragende

Bedeutung, es ist gleichzeitig Quelle, Zündfunke und Zustand der Erleuchtung, des Aufwachens und dieser Zustand entspricht unserem Glück der Fülle. Erleuchtung ist also ein Grundzustand, ein Grundgefühl, dass es keinen Mangel gibt, nur tiefer Frieden. Man ist einfach hier und jetzt, frei und offen. Das wahre Glück aus Sicht des Zen ist nicht in erster Linie Aktivität sondern ein Seinszustand, der nicht übertroffen werden kann. Ein wesentlicher Aspekt dieses Zustands ist beispielsweise die Atempause[88], dieser Moment, aus dem jedes Gefühl von Dringlichkeit, von emotionaler Bedrängnis gewichen ist und tiefer Frieden eingekehrt ist. Nach dieser Befreiung entsteht ein Zustand dauerhaften Wohlbefindens, des Glücks der Fülle.

Knappe drei Autostunden südwestlich von Shanghai liegt die Stadt Hangzhou. Hangzhou wäre eine laute, staubige und unter einer Smogglocke brütende, wenig einladende Industriemetropole, gäbe es da nicht am Stadtrand den zwischen sanften Hügeln und riesigen Parkanlagen liegenden Xi Hu. Die Gegend um diesen »Westsee« zählen die Chinesen zu den schönsten ihres Lands. Von hier aus ein paar Kilometer Richtung Sonnenuntergang liegt mitten in den Bergen Lingyin Si, das »Kloster der Seelenzuflucht«. Um 325 von einem indischen Wandermönch gegründet, wurde Lingyin Si innerhalb kurzer Zeit weit über die Grenzen der Provinz hinaus als spirituelles Zentrum bekannt, bald lebten hier an die dreitausend Mönche, um den Weg der Erleuchtung zu suchen, zu finden, zu gehen.

Gegenüber der Haupthalle mit einer zwanzig Meter hohen goldenen Buddha-Statue steigt eine Felswand, Feilai Feng (»der herbeigeflogene Gipfel«) genannt, steil empor. Sie ist über und über mit eingemeißelten Reliefs bedeckt. Das größte und prominenteste stellt eine kuriose Figur auf einem Lotusblatt mehr liegend als sitzend dar: dicke Backen, ein Doppelkinn und vor allem ein massiger, kahlrasierter Kopf, mit einem über das ganze Gesicht strahlenden Lachen. Die Augen sind schelmisch zu Schlitzen zusammengekniffen, die Mundwinkel reichen fast bis an die Ohren. Dem Burschen scheint vor Lachen gar nichts mehr heilig zu sein.

Die Darstellung geht auf einen Mönch namens Budai oder auch Pu-tai zurück, der laut Überlieferung im 10. Jahrhundert hier in der Nähe von Hangzhou lebte. Noch heute erzählt man sich von ihm, dass er an die

Kinder Leckereien und süße Früchte verteilte, die er in einem Sack auf seinem Rücken trug. Deshalb wohl auch der Name des Mystikers, Pu-tai bedeutet im chinesischen »Hanfsack«. In der Literatur wird Budai als »der lachende, glückliche Buddha« und mit gutem Grund auch als »Dickbauch-Buddha« bezeichnet, der Volksglaube verehrt ihn als eine ins irdische Leben zurückgekehrte Reinkarnation Buddhas. Budai wird mit prallem Bauch, einem Symbol des Glückes und der Großzügigkeit, so kugelig rund dargestellt, dass er keinen Vergleich mit Ganesha, dem elefantenköpfigen Gott der Hindus, zu scheuen braucht. Es wird von ihm berichtet, dass er nach seiner Erleuchtung kein Wort mehr gesprochen, dafür aber nur mehr gelacht haben soll. Dieses herzhafte und grundlose Lachen war seine Botschaft an die Menschen, es muss so ansteckend gewesen sein, dass jeder, der ihn lachen hörte, selbst in lautes Lachen verfiel. Denn Pu-tai wollte weder eine Lehre verkünden noch Anhänger um sich scharen, er wollte allein am eigenen Beispiel zeigen, dass Lachen in seiner höchsten Intensität ein direkter Weg zur Erleuchtung ist. Damit wurde Pu-tai eine der zentralen Figuren des Zen und der Weg des Lachens zu einem wichtigen Zen-Weg in die Erleuchtung. In diesem Sinn ist Pu-tai ein direkter Nachfolger des Mahakashyapa, die Mahakashyapa-Erzählung selbst wurde zu einem wichtigen Quellentext des Zen.

In der Praxis sieht das so aus: Zen-Meister stellen ihren Schülern paradoxe Fragen – so genannte Koans, auf die man mit keiner vernünftigen Erklärung, dafür aber mit einer spontanen Handlung oder einem schallenden Lachen antwortet. Alle diese Fragen führen an die Grenze der Ratio: »Wenn ihr auf der Straße einem begegnet, der im Besitz der Wahrheit ist, so dürft ihr ihn nicht ansprechen, ihr dürft aber auch nicht schweigend an ihm vorübergehen. Wie wollt ihr ihm begegnen?« Oder knapp und kurz: »Wie klingt das Klatschen einer Hand?«

Im Zen gibt es zahlreiche Anekdoten, die von Mönchsnovizen auf ihrem Weg zur Erleuchtung erzählen: Wie sie sich zuerst erfolglos um die rationale Beantwortung dieser Koans bemühen und erst im Lachen die Beschränkungen des Nachdenkens sprengen. Eine erzählt von einem jungen Novizen aus der Provinz Shou-Chou[89], der sehr hart an seiner Erleuchtung arbeitete. Er ging mit einem Koan, das ihn seit Langem beschäftigte, zu seinem Meister. Als dieser von den Schwierigkeiten des

Novizen hörte, lachte er schallend, dann stand er auf und ging weg. Der junge Mönch war ob der Reaktion seines Meisters noch ratloser als zuvor. Während der folgenden Tage konnte er weder essen noch schlafen und selbst das Nachdenken über das Lachen des Meisters führte zu keinem Ergebnis. Am Abend des vierten Tags ging der junge Mönch nochmals zum Meister und berichtete von seiner Verwirrtheit. Der hörte aufmerksam zu, dann sagte er: «Mönch, kennst Du die Wurzel deiner Verwirrtheit? Du bist dümmer als ein Narr, das ist die Wurzel deiner Verwirrtheit!« Der Mönch war tief betroffen: »Ehrwürdiger, wie kannst du so etwas sagen? Wie kann ich dümmer sein als ein Narr?« Der Meister erklärte: »Der Narr genießt es, Menschen lachend zu sehen. Und du? Du fühlst dich verwirrt, wenn andere lachen. Sage mir, bist du nicht dümmer als ein Narr?« Als der junge Mönch dies hörte, begann er lautstark zu lachen. Man erzählt sich von ihm, dass er von da an sich im Zustand der Erleuchtung befand.

Um den nach Erleuchtung suchenden Novizen auf den Weg zu helfen, haben die Zen-Meister eine äußerst effektive Technik entwickelt, die bei diesem Sprung ins Lachen, ins Glück unterstützen. Wir sind in einem Zen-Kloster in Kyoto und werden Zeuge folgender eigenartiger Situation: Ein junger Mönch sitzt meditierend im Lotussitz. Plötzlich ein gezielter Schlag mit dem Bambusstock auf seine Schulter, der Mönch zuckt kurz zusammen. Für uns Westler überraschend: Er hatte selbst mit zusammengefalteten Händen darum und um drei weitere Hiebe gebeten. Daran soll es nicht fehlen. Denn ein älterer Mönch, Godo genannt und für die Unterweisung der Novizen zuständig, steht schon bereit. Bis weit aus der Meditationshalle hinaus und über den Hof ist das Knallen seines Bambusstocks zu hören. Wird auch hier, in einem japanischen Zen-Kloster, wie einst bei den Benediktinern die Prügelstrafe exerziert – für eine Verfehlung, für lautes Lachen gar? Keineswegs, denn die Schläge mit dem Bambusstock, die Zen-Meister nennen ihn Keisaku (»Stab der Erweckung«), sind weder Strafe noch Verweis. Ganz im Gegenteil: Sie sollen dem Novizen helfen, Müdigkeit wie geistige Trägheit zu überwinden, und ihn in seinem Prozess des Erwachens, auf seinem Weg zur Erleuchtung und zu befreiendem Lachen unterstützen. Entsprechend schlägt der Godo der Lehre folgend mit »Sachverstand, Weisheit und Mitgefühl«, was hohe Konzentration und tiefen Respekt erfordert.

Der Prozess des Erwachens, befreiendes Lachen, Erleuchtung – dies sind die drei Stationen des Zen-Wegs. Zen-Meister sind äußerst zurückhaltend, wenn sie diese Erfahrung der Erleuchtung beschreiben sollen, weil sie nach ihrer Auskunft nicht in Worte zu fassen ist. Hier nur so viel: Unser westliches, duales Denken trennt zwischen dem Ego des Menschen und der Welt um ihn herum: ich und du, ich und meine Freundin, mein Mann, meine Kinder. Ich und mein Haus, ich und mein Auto, ich und mein Job. Anders der Buddhismus: Für ihn sind alle Erscheinungen in einer kosmischen Einheit verbunden, so wie ein Wassertropfen im Ozean aufgeht. Erleuchtung im Sinn der Buddhisten ist die Aufhebung dieser Trennung zwischen Subjekt und Objekt und das Ziel der Meditation. Taisen Deshimaru, ein japanischer Zen-Meister nennt das »die Rückkehr zum normalen, ursprünglichen Zustand«.

Diese Erleuchtung blitzt – so die Lehre des Zen – unvermittelt auf. Für sie sind der Klang eines ins Wasser fallenden Kieselsteins, das unvermittelte Quaken eines Frosches, der Schrei der Eule in der Nacht Anlass genug, in schallendes Lachen auszubrechen.

Das auf eine Erleuchtungserfahrung folgende Lachen begleitet das Loslassen all dieser um das Ich und die Welt kreisenden Gedanken: negative Grübeleien des Neids, der Gier und des Hasses sowie die sich im Kopf hin und her wälzenden Überlegungen um die Sorgen und Probleme des täglichen Lebens.

Diese Haltung macht das Zen-Training, dieses Sitzen in Kraft und Stille bei vielen Menschen so populär: »Zen löst die Hindernisse auf und macht den Weg zur mir selbst frei.« Dabei geht es um die Erkenntnis des Potenzials des Augenblicks. Der Zen-Meister Umon beschreibt diese Haltung als ein Leben im unmittelbaren »Jetzt«, als ein identisch sein mit dem, was ist, aber nicht mit dem, was war, was sein könnte, was sein wird. »Jetzt« fällt der Stein ins Wasser, »jetzt« quakt der Frosch: »Wenn ich esse, dann esse ich. Wenn ich gehe, dann gehe ich. Wenn ich schlafe, dann schlafe ich.« Befinden wir uns unmittelbar in diesem »Jetzt«, wandern unsere Gedanken nicht von der Vergangenheit in die Zukunft und wieder zurück. Es ist das pure Erleben.

Jeder kennt das: Wenn man intensiv lacht, denkt man weder über seine Bankauszüge und auch nicht über das Meeting am kommenden Montag nach, weder über Bilanzen noch über Börsenkurse, nicht über

Ehesorgen und Sorgerechte, sondern man lacht einfach und ist befreit. In exakt diesem Punkt treffen Zen und Lachen zusammen – und deshalb beginnen Zen-Meister an diesem Punkt zu lachen. Das nennen sie Erleuchtung, das ist das Glück der Fülle.

*Acht Zen-Aspekte als Weg zum Glück:*

- wenige Ansprüche;
- das Wissen, dass es genügt;
- die Stille genießen;
- sich mit Leib und Seele der Praxis widmen;
- nie unaufmerksam sein;
- sich in Konzentration vertiefen;
- sich in Weisheit üben;
- keine leeren Theorien verfolgen.

**Geschichte: Über Himmel und Hölle[90]**

*Ein Mann, sein Pferd und sein Hund wanderten eine Straße entlang. Als sie nahe an einem riesigen Baum vorbeikamen, erschlug ein Blitz alle drei. Doch der Mann bemerkte nicht, dass sie diese Welt bereits verlassen hatten, und wanderte mit seinen beiden Tieren weiter. Manchmal brauchen die Toten etwas Zeit, bis sie sich ihrer neuen Lage bewusstwerden. Die Wanderung war sehr weit, führte hügelan, die Sonne brannte, und sie waren verschwitzt und durstig. An einer Wegbiegung sahen sie ein wunderschönes marmornes Tor, das zu einem mit Gold bepflasterten Platz führte, mit einem Brunnen in der Mitte, aus dem kristallklares Wasser floss. Der Wanderer wandte sich an den Mann, der das Tor bewachte.*

*»Guten Tag.«*

*»Guten Tag«, entgegnete der Wächter.*

*»Ein wunderschöner Ort ist das hier, wie heißt er?«*

*»Hier ist der Himmel.«*

*»Wie gut, dass wir im Himmel angekommen sind, denn wir haben großen Durst.«*

*»Sie können gern hereinkommen und so viel Wasser trinken, wie Sie wollen«, sagte der Wächter und wies auf den Brunnen.*

*»Mein Pferd und mein Hund haben auch Durst.«*

*»Tut mir leid«, sagte der Wächter. »Tieren ist der Zutritt verboten.«*

*Der Mann war enttäuscht, weil sein Durst groß war, aber er wollte nicht allein trinken. Er dankte dem Wächter und zog weiter. Nachdem sie lange bergauf gewandert waren, kamen sie an einen Ort mit einem alten Gatter, das auf einen mit Bäumen gesäumten Weg aus gestampfter Erde ging. Im Schatten eines der Bäume lag ein Mann, den Hut in die Stirn gedrückt, und schien zu schlafen.*

*»Guten Tag«, sagte der Wanderer.*

*Der Mann nickte.*

*»Wir haben großen Durst, mein Pferd, mein Hund und ich.«*

*»Dort zwischen den Steinen ist eine Quelle«, sagte der Mann und wies auf die Stelle. »Ihr könnt nach Lust und Laune trinken.«*

*Der Mann, das Pferd und der Hund gingen zur Quelle und stillten ihren Durst.*

*Der Wanderer danke abermals.*

*»Kommt wieder, wann ihr wollt«, antwortete der Mann.*

*»Wie heißt übrigens dieser Ort?«*

*»Himmel.«*

*»Himmel? Aber der Wächter am Marmortor hat mir gesagt, dass dort der Himmel sei.«*

*»Das war nicht der Himmel, das war die Hölle.«*

*Der Wanderer war verwirrt. »Ihr solltet verbieten, dass sie euren Namen benutzen! Diese falsche Auskunft wird viel Durcheinander stiften!«*

*»Auf gar keinen Fall. In Wahrheit tun die uns einen großen Gefallen. Denn dort bleiben alle, die es fertigbringen, ihre besten Freunde im Stich zu lassen.«*

## 2.4 Drei Schlüssel für Glück

Die Wissenschaft definiert drei besondere Schlüssel zum Glück der Fülle. Es sind Achtsamkeit, Dankbarkeit und Mitgefühl. Weiterführende Ausführungen über die drei grundlegenden Aspekte würden das ganze Buch füllen. Wir möchten Ihnen diese hier und im Übungsteil des Buches kurz vorstellen. Für eine Vertiefung verweisen wir auf die weiterführenden Werke, die in unserem Literaturverzeichnis aufgeführt sind.

### Achtsamkeit – Leben im Hier und Jetzt

»Tue alles, was du kannst, mit allem, was du hast, in der Zeit, die du hast, an dem Ort, wo du bist.«

*Nkosi Johnson*

Achtsamkeit zu praktizieren ist einfach, aber nicht leicht. Wir besinnen uns dabei radikal auf den aktuellen Moment, vollkommen. Achtsamkeit ist erlernbar, wie ein Muskel, der trainiert wird – Ausdauer und Kontinuität sind allerdings erforderlich. In einer Zeit der schnellen, mühelosen Befriedigung – jede gewünschte Information ist über Google verfügbar, der Appetit nach dem Lieblingsessen per 24h Lieferdienst immerzu zu stillen, Muskeln elektrisch ohne aktive Anstrengung zu definieren – mag eine Praxis, die Vertiefung braucht wenig attraktiv erscheinen. Jeden Tag ein bisschen wirkt dabei wie beim Sport nachhaltiger als einmal viel. Grundhaltung: »Es gibt keine wichtigere Tätigkeit als die jetzige« – achtsam sein heißt nicht, wie wir es sonst meist tun, schon zu einem anderen Moment zu eilen, der vermeidlich besser ist! Achtsamkeit zu üben bedeutet, zum Leben im gegenwärtigen Augenblick zurückzukehren: »Wenn ich sitze, sitze ich, wenn ich gehe, gehe ich, wenn ich esse, esse ich.« (Zen-Meister Nansen) – Nur das! So wie wir es über das Potenzial des Augenblicks im Kontext des Zen schon dargestellt haben.

Ein Aspekt von Achtsamkeit kann darin bestehen, sich bewusst den Sinnen oder dem eigenen Körper zuzuwenden. Wir verlangen unserem Körper ab, zu funktionieren, Tag für Tag, verpassen dabei allerdings meist uns wirklich wahrzunehmen, bis es schmerzt. Alles, was wir aufnehmen an Reizen, an Nahrung will verarbeitet werden, alles, was wir tun, unsere Haltung, Bewegung, Anspannung, hinterlässt Spuren, alles, was wir fühlen, hat ein körperliches Korrelat. Der Körper hat seine eigene Art des Wissens, ein Wissen, das wenig mit Logik zu tun hat und viel mit Wahrheit, wenig mit Kontrolle und viel mit Akzeptanz. »Die Übung der Achtsamkeit kann uns aus dem Kerker der Perfektion befreien und in die zarte Schönheit unseres unvollkommenen und zugleich doch so wunderbaren menschlichen Körpers entlassen.[91]

*«Man ist nicht dann zufrieden, wenn man das macht, was einem zufrieden macht, sondern man ist glücklich, wen man mit Zufriedenheit das macht, was man gerade macht.«*[92]

Es geht also um aufmerksames Handeln. Dabei werden uns alle täglichen Gewohnheiten gewahr – wir erleben sie bewusst und präsent und zwar in jeder Handlung, in jeder Bewegung, in allen Gesprächen und Reden. Ein bekannter Zen-Spruch bringt es wunderbar auf den Punkt: »Mache jeden Augenblick zum besten deines Lebens.«

## Dankbarkeit

Ein Buddha-Weisheit sagt: »Erheben wir uns und seien wir dankbar. Denn wenn wir heute nicht viel gelernt haben, so haben wir doch zumindest etwas gelernt. Und wenn wir nichts gelernt haben, so sind wir zumindest nicht krank geworden. Und wenn wir krank geworden sind, so sind wir zumindest nicht gestorben. Lasst und also dankbar sein.«

Dankbarkeit kann auf unterschiedlichste Weise gesehen werden. Es kann eine Haltung des Dankes sein oder eine wertschätzende Haltung, wenn etwas Gutes geschehen ist. Doch Dankbarkeit geht weiter – sie ist ein grundlegender Aspekte des Glücks der Fülle. Denn wenn wir nicht für das, was wir haben, dankbar sind, werden wir immer wollen, dass das Leben anders ist, als es ist und dies führt sicher ins Unglücklichsein. Es gibt ein tibetisches Sprichwort: »Sei jedem dankbar.« Wir können als Hilfsmittel für alle Situationen, Ereignisse und Menschen folgende Unterscheidung treffen: Es gibt »Lehrer« und »Freunde«. Freunde meinen es gut mit uns. Von Lehrern können wir was lernen. Habe ich Probleme mit einem Mitarbeiter, Kunden oder Manager ist dieser Mensch ein Lehrer für mich. Warum bringt diese Person mich aus der Balance? Auch der Regen an einem freien Nachmittag, an dem ich

Golf spielen wollte und es jetzt nicht kann, ist eine Lehrersituation. Sofern sie mich aus der Balance bringt. Und genau in einer solchen Situation kann ich Dankbarkeit üben, denn ich kann was lernen von »Lehrern«.

## Mitgefühl

### Geschichte: Der Tunnel[93]

*Zenkai, der Sohn eines Samurai, reiste nach Edo und wurde dort der Halter eines hohen Beamten. Der Beamte hatte eine junge, wunderhübsche Frau an seiner Seite. Wie es kommen kann, hat sich Zenkai in die Frau verliebt und die Frau in ihn. Sie wurden beim Liebesspiel entdeckt und der Beamte wollte mit seinem Schwert den Zenkai töten – doch in Notwehr erschlug er den Beamten und flüchtete mit der jungen Frau. Sie ernährten sich von Raub und Diebstahl. Aber die Frau war so gierig, dass sie Zenkai verließ, weil er ihr nichts mehr bieten konnte. Schließlich reiste Zenkai in die Provinz Buzen, wo er als wandelnder Bettelmönch umherzog. Tagsüber wanderte er, abends rezitierte er Sutren, um Essen zu bekommen und nachts übte er Zazen – die Zen-Meditation. Um seine Vergangenheit zu sühnen, suchte er eine heilsame Tat, die er in seiner restlichen Lebensdauer vollbringen konnte. Eines Tages kam er an einen berüchtigten Ort mit einem gefährlichen Weg über steile Klippen. Dieser Weg verursachte viele Todesopfer und schwer verletzte Menschen. Er entschloss sich, einen Tunnel zu graben, damit die Reisenden diesen Ort sicher passieren konnten. Tagsüber grub er seinen Tunnel, abends rezitierte er und erbettelte dadurch sein Essen und nachts übte er Zazen. 30 Jahre vergingen und der Tunnel war mehrere Hundert Meter lang. Zwei Jahre vor Vollendung des Tunnels, kam ein Mann auf ihn zu und fragte ihn, ob er der Zenkai sei. »Ja«, antwortete Zenkai. Der Mann nahm sein Schwert und sagte: »ich bin hier, meinen Vater zu rächen, den du vor 30 Jahren getötet hast – ich werde dich jetzt töten.« »Ich gebe dir mein Leben, denn ich weiß, was ich dazumal gemacht habe. Aber lass mich zuerst diesen Tunnel fertig graben. Am Tag der Vollendung kannst du mich töten«, fügte Zenkai hinzu. Der Sohn wartete auf diesen Tag. Einige Monate vergingen und Zenkai grub und grub. Dann fragte der Sohn, »Zenkai, wie lange dauert es noch?« »Nicht mehr lange«, erwiderte Zenkai. Unterdessen war der Sohn von Zenkais Willensstärke so beeindruckt, dass er anfing mitzuhelfen zu graben. Dann wurde der Tunnel fertig und die Menschen konnten sicher passieren. Zenkai bedankte sich beim Sohn des Beamten und sagte: »Jetzt kannst du mich töten – die Arbeit ist getan.« Der Sohn ging mit Tränen in Augen auf die Knie und sagte: »Wie könnte ich nur, Meister.«*

Mitgefühl bedeutet, sensibel für das Leid der anderen zu sein und eben nicht Mitleid. Mitleid ist eine Haltung, bei der eine Hypersensibilität gegenüber dem Leid anderer entwickelt wird. Man wird durch seine Gefühle überschwemmt und ist passiv. Mitgefühl drängt zu hilfreichem, angemessenem Handeln. Es ist eine aktive Öffnung allen Lebewesen gegenüber – eine tiefe Verbundenheit. Dabei darf Liebe auch nicht mit Mitgefühl verwechselt werden. Es geht beim Mitgefühl nicht darum, mit dem anderen zu verschmelzen, sondern solidarisch zu sein – auch jenseits der Gefühle von Liebe und Hass. Die Praxis von Mitgefühl ist Samen des Glücks der Fülle – denn wenn unser Geist von Mitgefühl geleitet wird, werden unsere Worte und Handlungen die Welt um uns herum ändern.

**Geschichte: Die zwei Wölfe**[94]

*Eines Abends erzählte ein alter Cherokee-Indianer seinem Enkel vom Kampf, der im Innern der Menschen tobt.*

*Er sagte: »Mein Sohn, dieser Kampf findet zwischen den beiden Wölfen statt, die in jedem von uns wohnen.«*

*Der eine Wolf ist das Böse. Er ist Zorn, Neid, Eifersucht, Kummer und Sorgen, Schmerz, Bedauern, Habgier, Arroganz, Selbstmitleid, Feindseligkeit, Vorurteile, Minderwertigkeitsgefühle, Lügen, falscher Stolz, Überheblichkeit und Ego.*

*Der andere ist das Gute. Er ist Freude, Frieden, Liebe, Hoffnung, Gelassenheit, Heiterkeit, Demut, Güte, Freundlichkeit, Zuneigung, Wohlwollen, Großzügigkeit, Wahrheit, Aufrichtigkeit, Mitgefühl und Vertrauen.*

*Der Enkel dachte nach und fragte seinen Großvater: »Welcher Wolf gewinnt?«*

*Der alte Indianer antwortete: »Der, den du fütterst.«*

## 2.5 Praxis-Fälle im Business Coaching[95]

Therapie und Coaching sind individuelle Prozesse, Auszüge daraus sollen exemplarisch verdeutlichen, wie persönliche Veränderungsprozesse angestoßen und begleitet werden können und wie ein Transfer im beruflichen Kontext stattfinden kann. Wir möchten Sie also nun einladen, die hier im Buch beschriebenen Modelle, Konzepte und Techniken in Praxisbeispielen kennen zu lernen.

**Praxisfall 1: Bernd[96]**

Der erste Fall handelt von einem Abteilungsleiter, der bei einer Beförderung umgangen worden ist und mit viel Frust und Verzweiflung darauf reagiert hat und somit sehr unglücklich war.

Bernd, 42 Jahre alt, ist Abteilungsleiter einer großen internationalen Unternehmungsberatung in München. Im Unternehmen wurde die Stelle für einen Hauptabteilungsleiter ausgeschrieben und Bernd galt auf Grund seiner Ergebnisse, seines Verhaltens und seiner Erfahrung als aussichtsreichster Kandidat. Stefan, ebenfalls Abteilungsleiter und noch nicht lange im Unternehmen, bewarb sich auch für die Stelle. Nach einem Assessment wurde überraschenderweise Stefan zum Hauptabteilungsleiter ernannt. Bernd wie auch seine Mitarbeiter verstanden die Entscheidung nicht und bei Bernd machte sich seine volle Wut breit: »Was für eine Ungerechtigkeit.« Klassische Verhaltensweisen wären entweder zu kündigen oder die Entscheidung der Geschäftsleitung zu torpedieren. Doch es gibt noch einen dritten Weg und so kann es auch immer wieder zu unerwarteten Ergebnissen kommen. Bernd kam zum Coaching. Er fing sofort an, die Situation zu schildern. Nach der üblichen Vorgehensweise – nämlich der Klärung des Settings des Coaching – fragten wir ihn, ob er bereit wäre, neben den zwei möglichen Optionen: Angriff oder Flucht, die Entscheidung und die Entscheidungsträger dieses Vorfalls zu attackieren respektive das Unternehmen zu verlassen, eine dritte Option in Betracht zu ziehen. Er solle Stefan gratulieren und ihm seine volle Unterstützung kundtun. Bernd lehnte dies sofort ab. Er war voller Emotionen und wir baten ihn diese Entscheidung zurück zu stellen und eine kleine Übung durchzuführen. Er nickte vorsichtig, war aber dann dazu bereit. Wir führten einen Body-Scan mit ihm durch – mit dem Ziel, den Körper und Geist einmal zu beruhigen. Direkt im Anschluss führten wir mit ihm noch ein paar Atemübungen durch. Sein Gemütszustand stabilisierte sich wieder und wieder auf der Couch sitzend, fragten wir ihn, ob er jetzt dazu bereit wäre. Er könne auch jederzeit das Coaching abbrechen, wenn er darin keinen Sinn erkenne könnte. Er willigte nun ein, sich fürs Erste mal darauf einzulassen. Wir erklärten ihm nochmals die dritte Option – eine Option, die genau dem Gegenteil einer egozentrischen Vorgehensweise entsprach. Er ergänzte, dass er ja an seinem Unternehmen hinge und doch alles Mögliche versuchen möchte. So fingen wir an mit einer Mitgefühlsübung: Meditation über Mitgefühl und Freundlichkeit. Das Ziel dieser Übung war es, sich auf Stefan einzulassen. Denn er erzählte uns, dass er keine Probleme mit Stefan weder persönlich noch auf geschäftlicher Ebene gehabt hätte. Im Gegenteil, sie wären eigentlich sehr respektvoll miteinander umgegangen und hätten sich auch gegenseitig unterstützt. Wir spürten trotz seinen Ausführungen eine gewisse Abneigung gegenüber Stefan und so übten wir ein erstes Mal. Es brauchte noch zwei Durchgänge und Bernd hatte Mut gefasst, Stefan seine ernst gemeinte Unterstützung mitzuteilen. Er gratulierte Stefan und dieser schien irgendwie irritiert gewesen zu sein, aber er lächelte und war dankbar. Inspiriert von den Möglichkeiten sich auch mal anders zu verhalten als üblich, nicht egogetrieben, fing er nun mit einer regelmäßigen Zazen-, Zen-Meditations-Praxis an. Übrigens, zwei Wochen nach dem Gespräch mit Stefan berief die Geschäftsleitung Bernd zum Vorstand. Stefan nutzte die Gelegenheit und gratulierte seinem nun neuen Chef und bot ebenfalls seine volle Unterstützung an. Erstens kommt es anders und zweitens als man denkt.

**Praxisfall 2: Markus**

Ein 47-jähriger Mitarbeiter, Markus, mit Führungsaufgaben in einem großen Unternehmen kehrt nach körperlicher Erkrankung und Burnout in die Firma zurück. Die persönliche Überlastungs- und Krisensituation hat er als Anlass genommen, sich damit auseinanderzusetzen, worum es in seinem Leben gehen soll, wie er aus dem Hamsterrad der Anforderungen aussteigen kann und dennoch gleichzeitig aktiv und erfolgreich sein Leben gestalten kann. Im Rahmen seines Wiedereinstiegs geht es nun um die Frage wie er Happiness im Business für sich und seine Mitarbeiter konkret umsetzen kann.

Nach einer Auszeit und wirklichem Abstand zum beruflichen Alltag wird oft besonders deutlich, von welch hohem Anspannungsniveau berufliche Herausforderungen häufig begleitet sind. Neben Strategien, im Leben ausreichend Momente zur Regeneration sowie bewusste Genuss-, Muse- und Freudemomente als Gewohnheit zu etablieren, gehört der adäquate Umgang mit Stressspitzen zu einer wesentlichen »Glücks-Kompetenz«. Markus erarbeitet im Coaching in Einzelsitzungen, wie er mit Momenten der besonderen Anspannung einen neuen Umgang finden kann:

Markus: »Ich versuche meinen Alltag viel bewusster zu gestalten. Regelmäßige, kurze Momente der Ruhe helfen mir gelassener zu bleiben und mich weniger von den Anforderungen wegtragen zu lassen. Schöne Momente kann ich inzwischen genießen und es ist wieder Freude in meinem Leben eingekehrt. So wirklich glücklich fühle ich mich aber im Beruf noch nicht. Ich merke wie hoch die Anspannung ist, den Anforderungen zu genügen. Immer wieder spüre ich Momente … hm … ja, man könnte fast sagen, Momente der Angst, mit Druck auf der Brust, wie eine Beklemmung, so als könnte ich es doch nicht schaffen, was es mir unmöglich macht, mich zu konzentrieren.«

Coach: »Was tun Sie, wenn Sie diese Anspannung merken?«

Markus: »Ich versuche schnell weiter zu machen, es irgendwie wegzudrücken, mich richtig anzustrengen, es dennoch zu schaffen… Ich glaube, früher habe ich diese Momente gar nicht richtig wahrgenommen. Seitdem ich insgesamt achtsamer bin und mich selbst besser wahrnehmen lerne, merke ich erst, wie angespannt ich manchmal tatsächlich bin. Ich glaube, ich halte dann richtig den Atmen an, beiße die Zähne aufeinander und versuche einfach irgendwie durch die Situation durch zu kommen …«

Coach: »Wie gut gelingt Ihnen das? Wie hilfreich ist dieses Bemühen im Moment?«

Markus: »Hm, ich glaube ganz kurz gelingt es mir, aber ganz weg geht es nicht, manchmal kann ich mich für einen Moment ablenken, aber ich habe das Gefühl, danach ist es umso stärker wieder da. Am Ende eines solchen Tages fühle ich mich völlig erschöpft, wie nach einem langen Kampf.«

Coach: »In den Momenten in ihrem Leben, in welchen Sie Ruhe zulassen, oder auch in welchen Sie Mediation und Achtsamkeit üben, haben Sie bereits gelernt, sich selbst behutsam und wertfrei zuzuwenden. Wie wäre es, dies auch in einem solchen Moment zu versuchen?«

Markus: »Sie meinen, statt sich ablenken und anstrengen, etwas loslassen und durchatmen?«

Coach: »Ja, wieder mehr mit dem zu sein, was gerade ist, etwas aus diesem Kampf auszusteigen, sich die Gelegenheit geben, sich wieder zu sammeln, statt sich weiter anzutreiben.«

Markus: »Hm, es ist bestimmt nicht ganz angenehm, diese Anspannung dann ja noch deutlicher zu spüren… aber aus der Meditation weiß ich, dass sich dieses Empfinden mit Ruhe auch verändern kann, ich es irgendwie mehr gehen lassen kann. Auch wenn es mir nicht ganz einfach umzusetzen erscheint, kann ich mir gut vorstellen, dass durch ein Innehalten Druck weggehen kann.«

Coach: »In angespannten Momenten erst einmal innezuhalten benötigt Übung, der »Autopilot« ist meist auf »noch mehr, noch schneller« programmiert. Sie erlauben sich damit aus dem Strudel aufzutauchen, Druck loszulassen heißt auch Dinge wieder mit mehr Abstand betrachten zu können.«

Markus: »…die Situation mit Abstand zu betrachten hilft ja oft neue Ideen oder Lösungen zu finden, Dinge wieder mehr »im Ganzen« sehen zu können …«

Nun folgt die Erprobung der neuen Strategie im Berufsalltag, eine Phase der Selbstbeobachtung, des Ausprobierens und des Trainings.

Neben Strategien, die der persönlichen Stressbewältigung und Glücksförderung dienen, geht es im Weiteren um Themen die sich nun auf das berufliche Umfeld und dessen Strukturen beziehen. Folgendes Beispiel zeigt zunächst wiederum den Fokus auf die persönliche Reflexion und Klärung, dann den Transfer auf die Umsetzung im Umgang mit Mitarbeitern und Führungsaufgaben:

Im folgenden Coachingprozess wird ein Systembrett verwendet. Dabei handelt es sich um eine Technik, mittels Figuren Strukturen im

Unternehmen zu veranschaulichen. Markus setzt sich mit seiner Rolle gegenüber seinen Mitarbeitern auseinander. Es wird ein Dilemma aus äußerem Rahmen (Unternehmens-, Systembedingungen) und eigenen Ansprüchen deutlich.

Markus: »Es fällt mir schwer, meiner Vorstellung von meinem Auftreten gegenüber meinen Mitarbeitern gerecht zu werden. Ich reibe mich zunehmend in dem Bemühen auf, in kritischen Situationen einen guten Konsens zu finden, auch wenn das eigentlich meine Stärke ist. Ich möchte, dass sich meine Mitarbeiter in ihrer Arbeit wertgeschätzt fühlen und zufrieden sind unter meiner Teamleitung, dass insgesamt ein gutes Klima herrscht.«

Coach: »Das ist eine große Aufgabe bei so vielen Mitarbeitern.«

Markus: »…genau das macht mir Druck, früher hatte ich weniger Mitarbeiter, da konnte ich das irgendwie besser leisten, es frustriert mich, dass es nun nicht mehr so geht… ich komme dem einfach nicht mehr nach, ja, irgendwie verliere ich die Kontrolle, ich bin für die einzelnen Mitarbeiter im persönlichen Kontakt einfach nicht mehr so präsent wie früher.«

Coach: »Im persönlichen Kontakt gelingt es Ihnen gut auf Bedürfnisse der Mitarbeiter einzugehen und gleichzeitig die beruflichen Projekte voranzubringen.«

Markus: »Ja, das ist meine Stärke, darauf war ich immer stolz, dafür habe ich viel Anerkennung bekommen.«

Coach: »Nun versuchen Sie in der veränderten Situation auf gleiche Weise zu handeln?«

Markus: »Ja und ich merke wie es mich erschöpft, es ist einfach nicht zu schaffen, es ist inzwischen viel zu komplex.«

Coach: »Wir haben schon über Ihre Kompetenzen gesprochen, Sie sind sich bewusst, welche Art zu arbeiten Ihnen entspricht und welches Vorgehen für Sie gut passt. Nun stellt sich die Frage, wie Sie dies im aktuellen System umsetzten können. Um mehr Klarheit zu bekommen können wir die Situation auf einem Systembrett veranschaulichen. Sie nutzen Figuren um sich und die Mitarbeiter und andere relevante Personen zueinander in Bezug zu stellen …«

Markus: »Ok, ...«

Coach: »Das sind ja wirklich eine Menge Personen ... wie geht es Ihnen mit Ihrer Position auf dem Brett?«

Markus: »Hm, ich fühle mich irgendwie ziemlich eingequetscht, so umzingelt ... wenn ich das so anschaue, ist es genau dieser Druck, das Gefühl nicht frei atmen zu können, das ich so oft verspüre... und dass ich im Grunde gar nicht richtig weiß, wo ich zuerst hinschauen soll, ich gehe da auch insgesamt etwas unter zwischen den ganzen Figuren ... also jemand anderes würde meine Position anhand der Figuren vermutlich gar nicht erkennen ...«

Coach: »Viele Personen und wenig erkennbare Struktur?«

Markus: »In dem Unternehmen gibt es eigentlich eine eher klassisch-hierarchische Struktur, wir sind nicht so modern aufgestellt, zum Teil sind die Prozesse recht starr, aber, hm, irgendwie wird das hier gar nicht so deutlich, obwohl manche Positionen eigentlich ganz klar definiert sind, sieht das alles etwas chaotisch aus... vielleicht leben wir da etwas anderes ...«

Coach: »Es gibt Strukturen, die sind im Unternehmen vorgegeben, bestimmte Positionen können Sie auf dem Brett vermutlich nicht verändern ...«

Markus: »Hm, richtig, die meisten sogar.«

Coach: »Wo könnte eine Veränderung möglich sein?«

Markus: »Hm, ich könnte meine Position sicherlich etwas verändern und die einiger Mitarbeiter, ich könnte kleine Untergruppen bilden, so dass die Mitarbeiter näher zusammenstehen und ich mich etwas freier von einer Gruppe zur anderen bewegen kann ... ich könnte mich dann den kleinen Gruppen statt jedem Einzelnen zuwenden und wenn ich es geschickt anstelle, könnten die Gruppen untereinander sich irgendwie organisieren ... so vielleicht ... wenn ich das so schiebe... dann habe ich verschiedene Kreise... das ist spannend, da kommen mir gleich einige Ideen.«

Im Gespräch mit seinem Chef und seinen Mitarbeitern erarbeitet und kommuniziert Markus in der Folge konkrete Veränderungsmaßnahmen.

Eigene Handlungsräume und damit Veränderungsmöglichkeiten zu erkennen ist oft kein trivialer Prozess. Markus hatte im Vorfeld auch in Erwägung gezogen, seine Position komplett aufzugeben. Auch diese Option wurde im Coachingprozess detailliert beleuchtet. Eine veränderte Perspektive hat es ihm letztendlich ermöglicht, den Rahmen seiner Arbeit so zu verändern, dass er seine Kompetenzen wieder besser nutzen konnte. Die Passung von eigener Fähigkeit und externer Anforderung mindert Stress und fördert Zufriedenheit im täglichen Tun.

**Praxisfall 3: Claude**

»Wenn du jetzt nicht glücklich bist, wirst du es nie werden.«

*Zen-Weisheit*

Im dritten Praxisfall möchten wir Ihnen gerne die unkonventionelle Art und Weise vorstellen wie Zen-Meister mit Menschen arbeiten, die beispielsweise unglücklich sind.

Claude, ein 27-jähriger Teamleiter im IT-Bereich, wurde von seiner Partnerin nach einer mehrjährigen Beziehung verlassen. Dies brachte ihn völlig ausser Fassung und er stürzte sich in die Arbeit, um die Situation zu vergessen oder zu verdrängen. Zudem zog er abends mit Kollegen um die Häuser und kompensierte mit Alkohol. Nach mehreren Wochen erkannte Claude, dass sich etwas ändern muss, sonst besteht die Gefahr auf eine unheilsame Bahn zu kommen. Er meldete sich an einem Zen-Seminar an und traf dort auf einen japanischen Zen-Meister.

Claude: »Meister, ich bin total unglücklich - ich bin verlassen worden, bin verzweifelt. Bitte, ich möchte wieder glücklich sein. Helfen Sie mir.«

Meister: »Mach dir doch zuerst einmal richtig Sorgen!«

Claude: »Aber Meister. Ich bin völlig verzweifelt. Ich habe Nackenschmerzen und viel Lustlosigkeit. Was soll ich tun?«

Meister: »Wenn du jetzt nicht glücklich bist, wirst du es nie werden.«

Eigentlich wollte jetzt Claude aufstehen und gehen. Er hat nicht mit einer solchen Antwort gerechnet, sondern hatte sich ein wenig Trost erwartet. Aber irgendetwas fesselte ihn – der Meister hatte ihn tief berührt.

Claude: »Eh, also, was soll ich denn jetzt tun?«

Meister: »Lass uns mal gemeinsam atmen. Einatmen und tief ausatmen. Ein und aus. Ein und aus. Verlängere das Ausatmen. Lass los. Einfach nur da sein.«

So vergingen ein paar Minuten. Der Meister und Claude atmeten einfach gemeinsam.

Meister: »Wie fühlt es sich nun an?«

Claude: »Ich fühle mich ruhiger. Aber ich habe ständig Gedanken. Ich kann das nicht, mich nur auf den Atem zu konzentrieren. Ich bin nicht gut genug dafür.«

Meister: »Lass uns weiter üben. Einfach atmen. Ein und aus. Ein und aus.«

So vergingen wieder Momente, bis der Meister sich wieder meldete.

Meister: »Wo ist jetzt dein Schmerz? Zeige ihn mir.«

Claude: »Eh, ich verstehe nicht. Schmerz. Wo soll ich denn zeigen?«

Meister: »Deine Traurigkeit, dein Leiden - wo ist das in diesem Moment?«

Claude: »Nun, ich kann es nicht sagen. Im Moment gibt es kein Leid – ich atme ja nur ein und aus.«

Meister: »Jetzt übe einfach weiter - nur ein- und ausatmen und morgen kommst du wieder zu mir.«

Claude: »Ja, ist das jetzt alles - soll ich nicht meine Geschichte erzählen?«

Meister: »Nein, nur atmen und komme morgen wieder.«

Der Meister nimmt eine kleine Glocke in die Hand und läutet sie. Claude steht auf, irritiert macht er sich auf den Weg zum Ausgang.

Am nächsten Tag fand wieder ein Einzelgespräch zwischen dem Meister und Claude statt.

Meister: »Zeige mir, wie du atmest.«

Claude demonstrierte das tiefe Atmen, die Zen-Meditation, so wie er es die letzten Stunden geübt hat.

Meister: »Übe weiter – geh tiefer – noch tiefer atmen und vergesse dich, vergesse dein Selbst.«

Dann schrie der Meister laut: »Hai.«

So wiederholten sich die Treffen zwischen dem Lehrer und seinem Schüler über Wochen. Claude erfasste mehr und mehr, dass durch diese Übung der Prozess des Annehmens und Loslassens fortschritt und er sich so mehr und mehr leichter fühlte. Natürlich folgten dann noch diverse weitere Übungen, die er von seinem Meister erhielt um mehr und mehr die Sinnhaftigkeit dieser Verlusterfahrung, die Wege zur Leichtigkeit zu erfahren und zu verinnerlichen.

# Kapitel 3: Glücksökonomie – oder: Wie das Glück in der Wirtschaft eine Rolle spielt

## 3.1 Bhutan und das Bruttonationalglück – oder: Wo lebt es sich am glücklichsten?

»Du kannst heute den Tiger reiten, aber was ist morgen.«
*Bhutanisches Sprichwort*[97]

Nicht nur Philosophen, Psychologen und Neurologen untersuchen das Glück zum Teil schon seit Jahrtausenden, sondern auch Ökonomen widmen sich regelmäßig der Bedeutung von Glück für die Untersuchungsgegenstände ihrer Disziplin. Sie versuchen dabei herauszubekommen, welche im weiteren Sinne ökonomischen Zustände in einer Gesellschaft welchen Einfluss auf das Glück der Bürger haben können. Die in der Allgemeinheit wohl bekannteste Frage in diesem Zusammenhang, ist die nach dem Land, in dem die glücklichsten Menschen leben. Und welche Bedingungen herrschen in diesem Land vor? Leben etwa die glücklichsten Menschen in den reichsten Ländern? Oder in den Ländern mit den meisten Sonnenscheinstunden? Oder in Ländern mit einer liberalen, friedlichen und offenen Gesellschaftsordnung? Wie so oft in der Ökonomie ist diese Frage nicht einfach und nicht einmal eindeutig zu beantworten.

Eine Antwort ist jedoch mit Sicherheit falsch – und dabei ist es eine Antwort die ausgesprochen häufig unter Befragten gegeben wird: Bhutan. Die glücklichsten Menschen der Welt – leben nicht in Bhutan. Wo leben sie dann? Diese Frage wollen wir gleich beantworten, jedoch sollten wir erst einen Blick auf Bhutan werfen, denn tatsächlich wird hier ein weltweit einmaliges Konzept zur Messung des Fortschritts im Land eingesetzt, welches eine genauere Darstellung Wert ist – und welches inzwischen einen derartigen Bekanntheitsgrad erreicht hat, dass viele Menschen meinen, die Menschen in Bhutan müssten auch besonders glücklich sein.

Die Rede ist vom »Bruttonationalglück« als zentraler Indikator für die Messung der Entwicklung der zwischen Tibet und Indien gelegenen konstitutionellen Monarchie im Himalaya. Der vierte König Bhutans, Jigme Singye Wangchuck, sprach bereits in den 1970er Jahren davon, dass das »Bruttonationalglück« wichtiger sei, als das Bruttoinlandsprodukt. Lange blieb es jedoch bei der Vision, eines Tages vielleicht auch einen wirtschaftlichen Ordnungsrahmen in dem sich in den letzten Jahren und lediglich sukzessive öffnenden Land zu schaffen, der die Entwicklung des Glücks der Bürgerinnen und Bürger in den Mittelpunkt insbesondere auch wirtschaftspolitischer Entscheidungsfindung stellt. Immerhin heißt es seit 2008 in Artikel 9 der Verfassung Bhutans: »Der Staat soll anstreben jene Bedingungen zu fördern, die das Verfolgen des Bruttonationalglücks ermöglichen.« Spätestens mit der Krönung des fünften Königs Bhutans, Jigme Singye Wangchucks, Sohn Jigme Khesar Namgyel Wangchuck, nahm die Entwicklung eines geeigneten Indikatorsystems, welches die Beurteilung des Wohlbefindens der Bevölkerung zulassen würde, an Dynamik zu. Ziel war es, einen Indikator zu entwickeln, der die Qualität des Lebens in dem Land auf eine holistischere Weise abbildet. In dessen Kern wird davon ausgegangen, dass nicht lediglich materielle Bedürfnisse erfüllt sein müssen, sondern auch eine gleichzeitige spirituelle Entwicklung als Komplementierung und Verstärkung gefördert werden kann. Naturgemäß basieren einige Ziele und Teilindikatoren auf der buddhistischen Prägung des Landes. Im eingesetzten Indikatorensystem finden sich jedoch neben buddhistisch geprägten spirituellen Fragen auch zahlreiche Standardfragen der westlichen Glücks-, Sozial- und Wirtschaftsforschung.

Bevor wir einen genaueren Blick auf dieses Indikatorensystem werfen, wollen wir uns kurz mit dem zentralen Indikator beschäftigen, der heute den Erfolg und Misserfolg (wirtschafts-)politischen und gesamtwirtschaftlichen Handelns eines Landes in den nicht nur westlichen Industrieländern maßgeblich bestimmt: das Bruttoinlandsprodukt. Das Bruttoinlandsprodukt gibt den Gesamtwert aller Güter und Dienstleistungen an, die innerhalb eines Jahres innerhalb der Landesgrenzen einer Volkswirtschaft als Endprodukte hergestellt wurden. Nicht weniger aber auch nicht mehr. Und damit ergibt sich ein Problem, welches der US-amerikanische Senator Robert F. Kennedy bereits am 18. März 1968, nur wenige Monate vor seiner Ermordung durch Sirhan Bishara Sirhan, in einer viel zitierten Rede an der University of Kansas ausgesprochen eindrücklich und nachdrücklich beschrieb:

*»[…] Too much and for too long, we seemed to have surrendered personal excellence and community values in the mere accumulation of material things. Our Gross National Product, now, is over $800 billion dollars a year, but that Gross National Product – if we judge the United States of America by that – that Gross National Product counts air pollution and cigarette advertising and ambulances to clear our highways of carnage. It counts special locks for our doors and the jails for the people who break them. It counts the destruction of the redwood and the loss of our natural wonder in chaotic sprawl. It counts napalm and counts nuclear warheads and armored cars for the police to fight the riots in our cities. It counts Whitman's rifle and Speck's knife and the television programs, which glorify violence in order to sell toys to our children. Yet the gross national product does not allow for the health of our children, the quality of their education or the joy of their play. It does not include the beauty of our poetry or the strength of our marriages, the intelligence of our public debate or the integrity of our public officials. It measures neither our wit nor our courage, neither our wisdom nor our learning, neither our compassion nor our devotion to our country; it measures everything, in short, except that which makes life worthwhile. And it can tell us everything about America except why we are proud that we are Americans. […]«*[98]

Vereinfacht und überspitzt gesagt: Ein Land mit hoher Kriminalitätsrate, einem ineffizienten Gesundheitssystem, Straßen und Brücken ins Nirgendwo und einer gleichzeitig ruinierten Umwelt, die dann wieder gereinigt werden muss, ein derartiges Land kann sogar am Ende des Jahres ein Bruttoinlandsprodukt vorweisen, das niemand ernsthaft als Maßgabe für den »Erfolg« des Landes heranziehen würde. Tatsächlich leben beispielsweise in den USA rund zehn Mal so viele Menschen in Gefängnissen als durchschnittlich in einem anderen Industrieland – und tragen somit zum Bruttoinlandsprodukt positiv bei. Und trotz der horrenden Kosten des US-amerikanischen Gesundheitssystems sind die Bürger der Vereinigten Staaten deutlich ungesünder als in anderen Industriestaaten. Eine Steigerung der Effizienz des Gesundheitssystems würde das Bruttoinlandsprodukt des Landes senken.[99] Und dass in China ganze Geisterstädte unter anderem zum Zwecke der Bruttoinlandsprodukt-Ankurbelung gebaut wurden, ist hinlänglich bekannt.

Zurück zu Bhutan, wo eine mögliche Alternative zum Bruttoinlandsprodukt genutzt wird: Mit Hilfe des »Bruttonationalglücks« wird

| Domäne | Indikator | Gewichtung |
|---|---|---|
| Geistiges Wohlbefinden | Lebenszufriedenheit | 33% |
| | Positive Emotionen | 17% |
| | Negative Emotionen | 17% |
| | Spiritualität | 33% |
| Gesundheit | Selbsteinschätzung des Gesundheitszustandes | 10% |
| | Gesunde Tage | 30% |
| | Behinderung | 30% |
| | Mentale Gesundheit | 30% |
| Zeitnutzung | Arbeit | 50% |
| | Schlaf | 50% |
| Bildung | Lese- und Schreibfähigkeit | 30% |
| | Ausbildung | 30% |
| | Wissen | 20% |
| | Werte | 20% |
| Kulturelle Vielfalt und Resilienz | *Zorig chusum* Fähigkeiten (Kunsthandwerk) | 30% |
| | Soziokulturelle Partizipation | 30% |
| | Sprechen der Muttersprache | 20% |
| | *Driglam Namzha* (Weg der Harmonie) | 20% |
| Gute Regierungsführung | Politische Partizipation | 40% |
| | Dienstleistungen | 40% |
| | Leistung der Regierung | 10% |
| | Grundrechte | 10% |
| Lebendigkeit der Gemeinschaft | Spenden (Zeit und Geld) | 30% |
| | Sicherheit | 30% |
| | Verhältnis zurGemeinschaft | 20% |
| | Familie | 20% |
| Ökologische Vielfalt und Resilienz | Schädigung von Flora und Fauna | 40% |
| | Städtische Probleme | 40% |
| | Verantwortung gegenüber der Umwelt | 10% |
| | Ökologische Probleme | 10% |
| Lebensstandard | Pro-Kopf-Einkommen | 33% |
| | Vermögenswerte | 33% |
| | Unterkunft | 33% |

**Abb. 2:** Neun Domänen und 33 Indikatoren des GNH-Index in Bhutan (Ura, Alkire, Zangmo, & Wangdi, 2012) (eigene Übersetzung)

versucht, den Entwicklungsstand und -Erfolg des Landes weitaus umfassender zu erfassen. Die Grundlage für das Indikatorenset bilden dabei vier Säulen: gute Regierungs- und Verwaltungsstrukturen, eine nachhaltige sozioökonomische Entwicklung, die Bewahrung und Förderung der Kultur sowie den Schutz der Umwelt.[100] Im Sinne dieser Säulen wurden 33 Einzelindikatoren definiert, die neun Domänen zugeordnet werden.[101] 2 bietet eine Übersicht über alle Domänen und die jeweils zugeordneten Indikatoren sowie die Gewichtung der Indikatoren. Wie wir sehen, geht es gleich bei den ersten Indikatoren um die Lebenszufriedenheit sowie positive und negative Emotionen, also klassische Glücksthemen. Auch die Kategorie »Zeitnutzung« sticht heraus und beinhaltet Fragen nach dem Tagesablauf und welchen Aktivitäten die oder der Befragte zu welcher Uhrzeit zuletzt nachgegangen ist.

Tatsächlich werden also der Bevölkerung sowohl subjektiv geprägte wie auch objektive Fragen gestellt. Im Gegensatz zur Erfassung des Bruttoinlandsprodukts, welches in den statistischen Ämtern errechnet wird, wird für die Erfassung des Bruttonationalglücks zumindest stichprobenweise die Bevölkerung befragt. Für die Umfrage reisen geschulte Befragungsteams durch das ganze Land, um in Einzelinterviews die notwendigen Daten zu sammeln.[102] Insgesamt werden über 140 Fragen gestellt, darunter auch folgende:

- Psychologisches Wohlbefinden: »Alles zusammengenommen: wie glücklich würdest Du sagen, bist Du?« (auf einer Skala von 1 bis 10)
- Soziale Unterstützung: »Wie viele Menschen stehen Dir so nah, dass Du auf sie zählen kannst, wenn Du krank bist / finanzielle Probleme hast / emotionale Probleme hast?«
- Selbstmordgedanken und -Versuche: »Hast Du jemals ernsthaft darüber nachgedacht, Selbstmord zu begehen?« – »Wenn ja, wie oft hast Du in den letzten 12 Monaten daran gedacht, Selbstmord zu begehen?«
- Zeitnutzung: »Hast Du letzte Nacht mehr als üblich / ungefähr so lang wie üblich / weniger als üblich geschlafen«?
- Performance der Regierung: »Bitte bewerte die Leistung der Regierung in den letzten 12 Monaten in den folgenden Bereichen mit sehr gut / gut / durchschnittlich / schlecht: Schaffung von Arbeitsplätzen, Verringerung der Schere zwischen Arm und Reich, Bekämpfung von Korruption, Schutz der Umwelt, …«

- Umweltbedingungen: »Bitte teile uns mit, wie zufrieden Du mit den folgenden Umweltbedingungen bist: Lärm, Luftverschmutzung, Verschmutzung der Flüsse, Kriminalität und Gewalt, Abfall, Gehwege, Straßenbeleuchtung.«
- Finanzielle Sicherheit: »Wie schwierig oder einfach ist es für Dich mit Deinem gegenwärtigen Haushaltseinkommen die täglichen Ausgaben für Lebensmittel, Unterkunft und Kleidung bezahlen zu können? Sehr schwierig / schwierig / kein Problem / einfach / sehr einfach.«

Anhand dieser ausgewählten, beispielhaften Fragen ist bereits gut erkennbar, worauf es dem König und der Regierung Bhutans bei der Entwicklung des Landes ankommt: Der Handlungs- und Beurteilungsfokus liegt nicht auf monetären Größen, sondern die Antworten auf die Fragen erlauben es, die Lage im Land gemäß buddhistisch-philosophisch geprägter ordnungspolitischer Prinzipien zu beurteilen. Dabei steht der einzelne Mensch im Mittelpunkt im Gegensatz zu abstrahierenden Outputzahlen oder finanziellen Kenngrößen. Die oberste Staatsfunktion in Bhutan ist es, jedem einzelnen Bürger ein Leben in mentaler Gelassenheit, also im Glück zu ermöglichen.[103] Diesbezüglich positive Entwicklungen wirken sich dann annahmegemäß auch entsprechend positiv auf die Entwicklung des Bruttoinlandsproduktes aus. Und selbstverständlich folgt Bhutan auch den internationalen Gepflogenheiten und veröffentlicht jährlich das Bruttoinlandsprodukt. Dieses wies übrigens laut Asian Development Bank in den Jahren 2015 und 2016 Wachstumsraten von jeweils über sechs Prozent auf (wobei ein Fünftel des Bruttoinlandsproduktes dabei durch die Erzeugung von Strom durch Wasserkraft generiert wird).[104]

Wem die Bedeutung von Indikatoren zur Messung des Glücks (soweit möglich in allen seinen Facetten) als Grundlage für politische und ökonomische Entscheidungen als zu romantisch oder etwa unangemessen erscheint, sollte noch einen Blick in die »Richtlinien zur Messung von subjektivem Wohlbefinden« der OECD werfen.[105] Darin wird auf eine interessante Entwicklung zweier Indikatoren im Vorfeld des »Arabischen Frühlings« und hier insbesondere in Ägypten hingewiesen. Tatsächlich zeigt sich in diesem Fall, dass ein Blick auf die Entwicklung des Bruttoinlandsprodukts pro Kopf als Maßstab für das Wohlbefinden der Bevölkerung eines Landes zu kurz greift und wichtige Komponenten des allgemeinen Wohlbefindens eben nicht abgefragt werden und damit sichtbar sind. Denn obwohl das Bruttoinlandsprodukt pro Kopf in

Ägypten zwischen 2005 und 2010 deutlich um rund 34 Prozent von 4 762 US-Dollar auf 6 367 US-Dollar stieg und damit nach herkömmlichem Verständnis die Bevölkerung doch immer zufriedener und glücklicher geworden sein sollte, kam es zu den Protesten auf dem Tahir-Platz. Ein Blick auf den Indikator »Thriving«, der mittels der Cantril-Leiter[106] hier die Lebenszufriedenheit der Bevölkerung heute und die erwartete Lebenszufriedenheit in fünf Jahren misst, hätte die politische Führung des Landes für die zunehmende Unzufriedenheit sensibilisieren können. Tatsächlich sackte der Anteil der Bevölkerung, der sehr zufrieden mit seinem Leben war, im gleichen Zeitraum von 29 Prozent auf nur mehr 12 Prozent ab.[107] Wir sehen an diesem Beispiel sehr gut, wie bereits ein Einzelindikator aus dem »Glücksindikatorenset« als ein Frühindikator für mögliche Unruhen in der Bevölkerung dienen kann und genau deshalb nicht vernachlässigt werden sollte.

## Die glücklichsten Länder der Welt

*»Die Europäer haben die Uhr, wir haben die Zeit.«*

Afrikanisches Sprichwort

In welchem Land leben nun aber Menschen so glücklich, dass es als das glücklichste Land der Welt bezeichnet werden kann? Die Antwort lautet: Das kommt ganz darauf an. Es kommt darauf an, welches Ranking wir betrachten. Wie wir bereits gesehen haben, gibt es zahlreiche Ursachen für Glück, wobei einige Einflussfaktoren objektiv messbar sind, einige jedoch aufgrund ihrer Subjektivität nur schwierig in Zahlen ausgedrückt und erfasst werden können. Wichtig ist, dass für ein Ranking nicht wie üblich lediglich das Bruttoinlandsprodukt herangezogen wird. Die Auswahl und Gewichtung derjenigen Faktoren, die letztendlich das Glücksniveau der Bürger in einem Land beeinflussen können, sind je nach Studie und Untersuchungsmethode wiederum unterschiedlich. Und dennoch wird jedes Jahr wieder ein Land als das »glücklichste Land der Welt« ausgerufen.

Das am stärksten wahrgenommene Ranking der glücklichsten Länder der Welt wird jährlich im »World Happiness Report« veröffentlicht. Auftraggeber ist das »Sustainable Development Solutions Network« (SDSN) der Vereinten Nationen.[108] Im Jahr 2017 waren die Top fünf der glücklichsten Länder Norwegen, Dänemark, Island, Schweiz und

Finnland.[109] Auch in den Jahren davor standen regelmäßig vor allem skandinavische Länder an der Spitze des Rankings (siehe auch 3).[110] Das Ranking des World Happiness Report basiert auf den durchschnittlichen Werten, welche die Einwohner im Rahmen einer Gallup-Umfrage in den letzten drei Jahren auf die Frage zur Cantril-Leiter gegeben haben. Darüber hinaus wird versucht, diese Antworten durch sechs Teilindikatoren zu erklären, welche die Autoren für besonders signifikant für die Beurteilung der individuellen Situation durch die Befragten halten. Dazu zählt zwar auch der »harte« Faktor Bruttoinlandsprodukt pro Kopf und ebenso relativ gut messbare Daten zu Lebenserwartung und Gesundheit, aber es gibt auch vier Teilindikatoren, die üblicherweise in »Erfolgsstatistiken« eines Landes keine Rolle spielen, das Glücksniveau der Bürger aber sehr zuverlässig miterklären: soziale Unterstützung,[111] Freiheit, im Leben eigene Entscheidungen treffen zu können, Großzügigkeit im Sinne von Spendenbereitschaft sowie Wahrnehmung von Korruption im Land.

| Rankingposition | 2013 | 2015 | 2017 |
|---|---|---|---|
| 1. | Dänemark | Schweiz | Norwegen |
| 2. | Norwegen | Island | Dänemark |
| 3. | Schweiz | Dänemark | Island |
| 4. | Niederlande | Norwegen | Schweiz |
| 5. | Schweden | Kanada | Finland |
| 6. | Kanada | Finland | Niederlande |
| 7. | Finland | Niederlande | Kanada |
| 8. | Österreich | Schweden | Neuseeland |
| 9. | Island | Neuseeland | Australien |
| 10. | Australien | Australien | Schweden |
| ... | | | |
| 16. | | | Deutschland |
| ... | | | |
| 26. | Deutschland | Deutschland | |

**Abb. 3:** Top 10 der »glücklichsten Länder der Welt« 2013, 2015 und 2017 (wie im jeweiligen »World Happiness Report« angegeben)

Nun gibt es weitere Organisationen, die versuchen, das Glücksniveau der Einwohner eines Landes zu ermitteln und darauf basierende Länderrankings zu erstellen, wobei sie sich anderer Indikatorensets mit anderen Schwerpunkten bedienen. So veröffentlicht die »New Economic

Foundation« aus Großbritannien in unregelmäßigen Abständen einen »Happy Planet Index« (HPI).[112] In diesem Ranking stehen ganz andere Länder ganz oben auf der Liste: Costa Rica, Mexiko, Kolumbien, Vanuatu und Vietnam. Deutschland liegt nur auf Platz 49 der Welt und der häufige »Sieger« im Happiness Report Ranking, Dänemark, findet sich im HDI lediglich auf Platz 32. Wie kann das sein?

Tatsächlich basiert dieses Ranking nicht auf einem Einzelindikator wie der Cantril-Leiter sondern auf einem zusammengesetzten Indikator aus Lebenserwartung und wahrgenommenem subjektivem Wohlbefinden (Cantril-Leiter). Hinzu kommt die Gleichheit oder eben Ungleichheit der Verteilung dieser beiden Indikatoren innerhalb eines Landes. Und schließlich spielt der ökologische Fußabdruck in diesem Ranking eine mitentscheidende Rolle für die Rankingpositionierung. Und die Verwendung und Definition genau dieses Teilindikators ist dafür verantwortlich, dass zahlreiche Länder, in denen die Lebenserwartung wie auch das subjektive Wohlbefinden und deren Verteilung zwar »im grünen Bereich« liegen, aufgrund des Ressourcenverbrauchs inklusive $CO_2$-Produktion ihrer Einwohner nur unter »ferner liefen« auftauchen. Am deutlichsten wird dies an Luxemburg, welches in allen Untersuchungsbereichen sehr gut abschneidet, dank seiner relativ großen Bevölkerungszahl auf einer relativ kleinen Landfläche, die im Verhältnis zu den durch Konsum verbrauchten Ressourcen nur sehr wenige erneuerbare Ressource bietet, jedoch im Gesamtranking lediglich auf Platz 139 von 140 und damit zwischen Togo und dem Chad zu finden ist. Beim HPI stehen also Umwelt und die diesbezüglich über ihre Verhältnisse lebenden Bewohner eines Landes im Mittelpunkt. Dahinter steckt auch die Philosophie, dass es letztendlich beim Umweltschutz ja nicht darum geht, der Erde etwas Gutes zu tun (die Erde existierte bereits Milliarden Jahre bevor es Menschen gab und wird wahrscheinlich auch noch Milliarden Jahre existieren, nachdem sie nicht mehr von Menschen bewohnt sein wird). Der Schutz der Umwelt und der Ressourcen ist entscheidend für die Lebensqualität und das Überleben der Menschen allgemein und der Bewohner eines Landes im Speziellen. Der HPI betont diesen Zusammenhang durch die Zusammenstellung des Index und erkennt ihn damit als maßgeblich für die Lebensumstände und das Glück der Menschen an.

Eine dritte Möglichkeit, sich der Frage nach den glücklichsten Ländern der Welt zu nähern, bietet die OECD. Der »OECD Better Life Index«

steht unter dem Motto »Im Leben geht es um mehr als nackte Zahlen wie das BIP und andere Wirtschaftsdaten« und ermöglicht es dem Nutzer auf einer Website die Gewichtung der Einzelindikatoren nach persönlichen Präferenzen vorzunehmen.[113] Gemäß OECD setzt sich demnach die Güte des Lebens aus folgenden Elementen zusammen: Wohnverhältnisse, Einkommen, Beschäftigung, Gemeinsinn, Bildung, Umwelt, Zivilengagement, Gesundheit, Lebenszufriedenheit, Sicherheit und Work-Life-Balance.[114] Der Gesamtindex wird aus über 100 000 individuell durch die Nutzer der Website erfolgten Gewichtungen der Teilergebnisse in 180 Ländern gebildet. Demnach sind im Jahr 2017 bei gleicher Gewichtung der Einzelindikatoren die Top fünf Länder im »OECD Better Life Ranking« Norwegen, Australien, Dänemark, Schweiz und Kanada. Deutschland liegt auf Rang 12. Falls wir denken, dass das Einkommen deutlich stärker gewichtet werden sollte, da wir glauben, dass die Höhe des Einkommens maßgeblich für ein gutes Leben ist, und wir die Gewichtungen entsprechend verändern, dann erscheinen die USA, Schweiz, Kanada, Australien und Luxemburg in den Top fünf. Sind wir jedoch der Meinung, dass wir Themen wie Gemeinsinn, Lebenszufriedenheit und Work-Life-Balance stärker gewichten sollten, da diese das Lebensglück maßgeblich beeinflussen, so sollten wir in Dänemark, Norwegen, Neuseeland, der Schweiz oder in Finnland leben.

Abschließend darf bei dieser Vorstellung einiger »Glücksrankings« natürlich der »Human Development Index« des »Entwicklungsprogramms der Vereinten Nationen« (UNDP) nicht unerwähnt bleiben. Hierbei handelt es sich um eine der frühesten umfassenden Initiativen, einen alternativen Wohlstandsindikator zu bilden. Er berücksichtigt in der Bewertung eines Landes zwar einerseits auch das Bruttonationaleinkommen pro Kopf und damit eine materielle, monetär darstellbare Größe, jedoch andererseits auch bereits seit den 1990er Jahren die Lebenserwartung bei der Geburt sowie die erfolgte und erwartete gesamte Ausbildung. Heute erscheint der Indikator altmodisch, da er zumindest in seiner ursprünglichen Form beispielsweise Umweltfaktoren nicht berücksichtigt, von heutigen Fragen nach dem subjektiven Wohlbefinden ganz zu schweigen. Dennoch: Gemäß den eingebrachten Teilindikatoren schneiden im Bericht aus dem Jahr 2016 Norwegen, Australien, die Schweiz, Deutschland und Dänemark am besten ab.

Wie beschrieben ist das Ranking des »World Happiness Report« dasjenige, das heute am weitesten anerkannt ist und die größte Aufmerksamkeit erfährt. Nicht zuletzt inspiriert durch die Vision eines kleinen Landes im Himalaya, Bhutan, seine Bürger dabei zu unterstützen, ein gutes und glückliches Leben führen zu können, entstanden in den vergangenen Jahren immer mehr Initiativen, die letztendlich eine holistischere Messung von Fortschritt in einem Land fordern und fördern. Auch einzelne Staaten untersuchen immer wieder alternative Messmethoden. In Deutschland konstituierte sich 2011 die vom Bundestag eingesetzte Enquete-Kommission »Wachstum, Wohlstand, Lebensqualität – Wege zu nachhaltigem Wirtschaften und gesellschaftlichem Fortschritt in der Sozialen Marktwirtschaft«. Sie definierte im Ergebnis zehn Leitindikatoren für Wohlstand und Fortschritt in folgenden drei Bereichen: Materieller Wohlstand (Bruttoinlandsprodukt, Einkommensverteilung, Staatsschulden), Soziales und Teilhabe (Beschäftigung, Bildung, Gesundheit und Freiheit) sowie Ökologie (Treibhausgase, Stickstoff und Artenvielfalt). Zu einer konsequenten Nutzung der W3 Indikatoren kam es in der Folge jedoch noch nicht.

Die glücklichsten Menschen der Welt leben also nicht wie häufig fälschlicherweise angenommen in Bhutan (Platz 97 im Jahr 2017, Deutschland liegt auf Platz 16). Bhutan ist jedoch trotzdem in einem die Nummer eins: Die Menschen sind alle ähnlich glücklich. Kein Land der Welt verfügt über eine so geringe Standardabweichung bei der Beurteilung des eigenen Glücks wie Bhutan. Es geht den Menschen im Land also allgemein ähnlich gut. Dies ist beispielsweise in Deutschland anders: Deutschland nimmt hier die 36. Position ein (2016), das heißt, dass das Glück in Deutschland relativ ungleich verteilt ist – wie wir im folgenden Kapitel noch genauer sehen werden.

## Glück in Deutschland

»Das Vergleichen ist das Ende des Glücks und der Anfang der Unzufriedenheit.«
*Søren Aabye Kierkegaard*

Die OECD verfügt inzwischen über so viele Daten für ihren »Better Life Index«, dass sogar regionale Einblicke innerhalb eines Landes möglich sind. So lassen sich für Deutschland die Indikatoren auch für die einzelnen Bundesländer abrufen – wobei dann die Grundgesamtheit im Einzelnen doch so klein ist, dass dies eher eine Spielerei darstellt. Vielleicht ist es auch nicht wichtig, aber irgendwie dennoch interessant, auf diese Weise auch zu erfahren, dass beispielsweise Bayern in den Einzelindikatoren und im Gesamtbild nach einem ähnlichen Muster abschneidet wie der Vorarlberg in Österreich, Ontario in Kanada und der Norden der Niederlande. Berlin korrespondiert hingegen eher mit dem Elsass und Wien und Hamburg mit Salzburg und Helsinki.

Daten unmittelbar zum subjektiven Wohlbefinden in Deutschland werden seit vielen Jahren jährlich im Rahmen des sozio-oekonomischen Panels (SOEP) erhoben und für Deutschland veröffentlicht (Raffelhüschen & Schlinkert, 2016). [115] Im Durchschnitt erreichten die Deutschen 2016 demnach einen »Glückswert« auf der Cantril-Leiter von 7,11. Die glücklichsten Menschen leben in Schleswig-Holstein und Franken, während sämtliche neue Bundesländer ausschließlich die hinteren Ränge 14 (Thüringen mit einem Wert von 6,94) bis 19 (Mecklenburg-Vorpommern mit einem Wert von 6,77) einnehmen (siehe auch Abbildung 4). Hier sehen wir die schon erwähnte Ungleichverteilung des Glücks besonders deutlich. Frauen sind übrigens im Allgemeinen etwas glücklicher als Männer. Werte für Frauen in Schleswig-Holstein und in Brandenburg weisen einen deutlichen Unterschied von 0,96 Punkten auf. Darüber hinaus sind junge und ältere Menschen in Deutschland glücklicher als Menschen zwischen 35 und 65. Letzteres ist jedoch kein spezifisches Phänomen in Deutschland sondern wird in der Glücksforschung allgemein so anerkannt.

Verschiedene Untersuchungen zeigen, dass in Deutschland zwischen Arbeit im Sinne von Arbeitszufriedenheit und Lebenszufriedenheit ein enger Zusammenhang besteht. Die Zufriedenheit mit den Haushaltseinkommen ist in den vergangenen Jahren immer weiter gestiegen, was wiederum einen positiven Effekt auf die Lebenszufriedenheit hat. Genauso hier zeigen sich jedoch noch relativ deutliche Unterschiede zwischen Ost- und West-Deutschland. Auch die Gesundheitsversorgung trägt stabil zum Glück der Deutschen bei. Und dennoch ist die subjektive Beurteilung des individuellen Wohlbefindens von Region zu Region in Deutschland verhältnismäßig unterschiedlich – und noch dazu im internationalen Vergleich relativ gering obwohl objektive

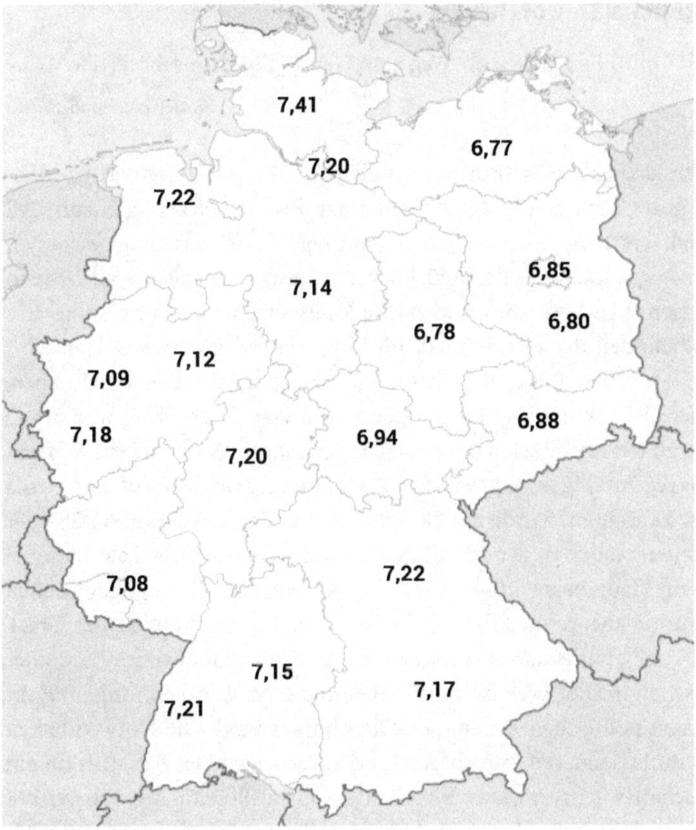


**Abb. 4:** Lebenszufriedenheit in den deutschen Bundesländern 2012-2016 (Daten aus (Raffelhüschen & Schlinkert, 2016), ungefähre geographische Zuordnung)[116]

Kriterien für das Glück der Deutschen sprechen sollten. Gründe dafür können nicht zuletzt kulturell bedingt sein. Status, sich mit anderen vergleichen, ja sogar Neid sind in Deutschland verhältnismäßig weit verbreitet. Diese ausgeprägte, aber vor dem Hintergrund des Glücks – wie wir bereits gesehen haben – nicht in diesem Maße erstrebenswerte Fähigkeit trägt dazu bei, dass Deutsche im Großen und Ganzen weniger zufrieden sind mit ihrem Leben, als sie es objektiv sein könnten. Letztendlich sind die Deutschen aber in keinem der Bundeländer unglücklich – nur eben in einigen weniger glücklich als in anderen.

## »UN International Day of Happiness«

»Es gibt keinen Weg zum Glück, glücklich sein ist der Weg.«
*Shakyamuni Buddha*

Es gibt also einige Institutionen, welche die Entwicklung von Ländern bezüglich Glück und Wohlbefinden unter ihrer Bevölkerung in zum Teil jährlich erscheinenden Berichten beurteilen und aus den gewonnen Daten sogar Rankings der »glücklichsten Länder« erstellen – auch wenn in vielen Ländern, die in den Rankings erscheinen, das subjektive Wohlbefinden der Bürger nicht im Vordergrund politischen Handelns steht. Aber den Bürgern geht es, wie bereits ausführlich beschrieben, ähnlich: Wir schalten auf »Autopilot« und vor lauter Alltag und Stress verlieren wir das Glück manchmal aus den Augen. Nicht zuletzt, um den Fokus regelmäßig wenigstens einmal im Jahr und weltweit auf das Thema Glück zu richten, wurde am 28. Juni 2012 in der Resolution 66/281 der Vereinten Nationen der 20. März eines jeden Jahres zum »International Day of Happiness« ausgerufen. In der einstimmig angenommenen Resolution anerkennen die Mitgliedsstaaten die »Wichtigkeit von Glück und Wohlbefinden als universelle Ziele und Bestrebungen im Leben der Menschen in aller Welt und die Bedeutung ihrer Anerkennung im Rahmen von politischen Zielen«. Darüber hinaus wird »die Notwendigkeit eines umfassenderen, gerechteren und ausgewogeneren Ansatzes für ein Wirtschaftswachstum, das Nachhaltigkeit, die Beseitigung von Armut sowie das Glück und Wohlergehen aller Völker fördert« herausgestellt.

Verschiedene Organisationen und zahlreiche Initiativen weltweit begehen den 20. März ganz im Sinne des Artikel 2 der Resolution: »Alle Mitgliedstaaten, Organisationen der Vereinten Nationen und andere internationale und regionale Organisationen sowie der Zivilgesellschaft, einschließlich Nichtregierungsorganisationen und Einzelpersonen sind eingeladen, den Internationalen Tag des Glücks in angemessener Weise wahrzunehmen, auch im Rahmen von Aktivitäten in der Bildung und mit dem Ziel, öffentliche Aufmerksamkeit zu generieren.« Weltweit finden zahlreiche Veranstaltungen und Aktionen zum Thema »Happiness« statt. So werden »Happiness Flash Mobs« organisiert, bewusst »Random Acts of Kindness« praktiziert und es treffen sich Menschen zu Workshops und Seminaren.

Jedes Jahr bietet der 20. März also einen passenden Anlass, sich mit dem Thema Glück bewusst zu beschäftigen, über Glück zu sprechen, Glück zu schaffen und dabei zu helfen, die Bedeutung des Strebens nach Glück eines jeden Menschen überall auf der Welt stärker in den Fokus des Handelns zu stellen. Jeder Mensch kann mindestens an diesem Tag dazu beitragen, das kollektive Glücksniveau weltweit ein Stückchen zu heben – alleine für sich oder andere, im Unternehmen, in der Schule, in sozialen Einrichtungen, in Städten, auf dem Land, in reichen Industrieländern und in armen Entwicklungsländern. Die Überzeugung, auf diese Art und Weise die Welt ein wenig zu verbessern wird von vielen Menschen geteilt – und wir alle können dazu beitragen.

| | | | |
|---|---|---|---|
| World Happiness Report | Happy Planet Index | OECD Better Life Index | UN Human Development Index |

**Abb. 5:** QR Codes zu den wichtigsten in diesem Kapitel genannten Studien

Links für QR Codes:

http://worldhappiness.report/
http://happyplanetindex.org/
http://www.oecdbetterlifeindex.org/
http://hdr.undp.org/en

## 3.2 »Happiness sells« – oder: Ist Glück käuflich?

»Hier wirst du dich wohl fühlen:
Hier ist die Lust das höchste Gut.«
*Inschrift am Eingang des Gartens, in dem Epikur lehrte*

### Das Glück im Supermarkt

Wann ist Ihnen das letzte Mal beim Einkaufen das Glück begegnet? Achten Sie einmal darauf – es begegnet einem ständig und steht häufig sogar in mehr oder weniger geschwungenen Lettern auf der Verpackung. Oder es steht auf einem Werbeplakat an einer Litfaßsäule. So ist es ohne weiteres möglich, in seinen »Glückstag« mit dem »Müsliglück« einer bereits seit 1844 existierenden Marke für getrocknete Früchte, Nüsse, Getreide und Kaffee zu starten (vielleicht hatten Sie aber auch das Müsli »Glücksbote« einer anderen Marke gewählt?). Natürlich geben Sie dann Ihren Kindern einen »Happy Drink – Schoko« in den Kindergarten mit. Der Kindergarten Ihrer Wahl wirbt mit dem Slogan »Für eine glückliche Kindheit« oder heißt sogar »Happy honey«. Selbstverständlich fahren Sie dann mit einem Volvo ins Büro, denn »Volvo macht glücklich« – haben Sie vor vielen Jahren mal in der Werbung gesehen. Im Büro stellt Ihnen der Chef kostenlos Getränke zur Verfügung – natürlich die »Happy Day«-Säfte aus Österreich. Mittags geht es dann entweder zur Burgerkette bei der es »Glückliche Frittensauce« gibt oder es heißt »Eat happy – fresh Sushi« aus dem Supermarkt. Auf dem Rückweg ins Büro gibt es vielleicht noch ein Eis von der »Happiness Station« einer vor allem aus dem Kino bekannten Eismarke. Und das war nur der Vormittag.

Nachmittags gibt es natürlich den »Happily« Kaffee in der Firma und dazu die mit Herzen oder Smileys versehenen Kekse »Be happy« einer 1889 gegründeten deutschen Keksfirma. Nach der Arbeit noch schnell etwas fürs Abendessen einkaufen: Zum Nachtisch wird es wieder einmal die »Happiness«-Creme geben (von einem 1891 gegründeten deutschen Lebensmittelunternehmen), denn es ist »das Gute-Laune Dessert für die ganze Familie«. Umso schöner, wenn die gute Laune beim Abendessen auch noch durch eine Flasche »Happy Dragon« Rotwein aus Südafrika gesteigert werden kann. Nach einer Dusche (am besten mit dem Duschgel »Glücksgefühl« (das mit dem »Gute-Laune-Duft«) – das Duschgel »Hallo Glückstag« benutzen Sie eher morgens) machen Sie sich noch daran, Ihren Sommerurlaub zu planen. Sie können sich nicht entscheiden: Soll es nach Aruba (»One Happy Island«) gehen oder doch eher nach San Diego, denn dort heißt es »Happiness is calling«? Nach so einem Tag müssen Sie ja müde aber eben glücklich ins Bett fallen. Oder etwa nicht?

Wie Sie sehen haben sich viele Markenunternehmen das Thema Glück unter den Nagel gerissen. Und wie Sie sehen werden in ganz verschiedenen Facetten. Die Beispiele zu Beginn dieses Kapitels gibt es alle wirklich und dabei handelt es sich nur um eine kleine Auswahl an »Glücksprodukten«, denen allen eines gemeinsam ist: »Glück« steht in der einen oder anderen Form direkt auf der Verpackung und springt einem im Regal ins Auge. Oder auf der Litfaßsäule. Oder im Katalog. Natürlich ist diese Form der Verknüpfung von Konsum und Glück ausgesprochen oberflächlich und doch spricht sie den Konsumenten auf eine eigene Art und Weise an. Denn die Frage nach dem Glück spielt beim Konsum eine zentrale Rolle.

**Abb. 6:** Fotos »Glücksprodukte« (eigene Fotos)

Geld, Glück und Konsum bilden ein besonderes Spannungsfeld, in dem wir täglich versuchen, die für uns beste Entscheidung zu treffen (Vielleicht weniger an einem Sonntag, da haben die Geschäfte geschlossen. Aber selbst dann besuchen wir gerne eine Eisdiele oder geben Geld für einen Schwimmbadeintritt aus – und einige werfen sogar ein paar Euros in den Klingelbeutel der Kirche, auch das hat mit Glück zu tun.) Dieses Spannungsfeld wollen wir uns in diesem Kapitel etwas genauer anschauen. Dabei nehmen wir zu Beginn die Perspektive des Konsumenten ein und schauen uns an, welche Rolle das Glück bei unseren Konsumentscheidungen spielt oder spielen kann.

Wir stellen uns die Frage, ob es den »optimalen Konsum« gibt, mit dem wir unser Glück, nachdem wir ja alle streben, maximieren können. Denn wenn wir schon Geld ausgeben, das wir vorher im Schweiße unseres Angesichts erst einmal verdienen mussten, sollten wir dann nicht auch aus dem Ausgeben des Geldes das maximale an Glück herausholen? Gibt es also gleichsam den »glücksoptimalen« Konsum?

Anschließend wechseln wir die Perspektive und schauen uns an, wie Unternehmen mehr oder weniger einfach menschliche »Glücksmechanismen« im Marketing ausnutzen können, um ihre Produkte zu verkaufen – und dabei gleichzeitig auch noch den Glückslevel ihrer Konsumenten erhöhen. Zum Abschluss werfen wir einen Blick über den Tellerrand und schauen uns kurz an, wie das Thema »Glück« im Ausland vor allem im Branding und in der Werbung genutzt wird.

## Glück, Geld, Zeit und Konsum

»Der größte Reichtum von allen ist die Selbstgenügsamkeit.«

*Porphryos*

Bevor wir in das Thema Konsum und Glück richtig einsteigen, möchten wir uns wie schon angekündigt zunächst etwas genauer mit der Frage nach dem Geld beschäftigen. Schließlich ist Geld das Mittel zum Zweck, welches uns Konsum überhaupt erst ermöglicht.[117] In diesem Zusammenhang entsteht eine Reihe von Fragen, von denen wir eine Auswahl kurz beantworten wollen. Macht Geld glücklich? Macht mehr Geld glücklicher oder macht etwa mehr Zeit glücklicher?

Zwei Missverständnisse und ein Gerücht herrschen in der allgemeinen Meinung vor: Geld macht glücklich und – Geld macht nicht glücklich. Außerdem heißt es immer wieder, dass Einkommenssteigerungen über ein Jahreseinkommen von 75 000 US-Dollar nicht glücklicher machen, das maximal durch ein Einkommen erreichbare Glück also bei diesem Betrag liegt. All dies ist nicht allgemeingültig oder sogar falsch. Der Nobelpreisträger Daniel Kahneman hat gemeinsam mit Angus Deaton eine beachtenswerte Studie hierzu durchgeführt, in der sie den Zusammenhang zwischen Einkommen und Glück untersuchten.[118]

Dabei trennten sie die Effekte von Geld auf emotionales Wohlbefinden, ausgedrückt durch Freude, Stress und Traurigkeit (im Original: »feeling blue«) von den Auswirkungen von Geld auf eine Bewertung des Lebens insgesamt, gemessen anhand der »Cantril-Leiter des Lebens«. Die unterschiedlichen Effekte unterschiedlich hoher Einkommen auf diese vier Komponenten des Glücks sind in 7 dargestellt.

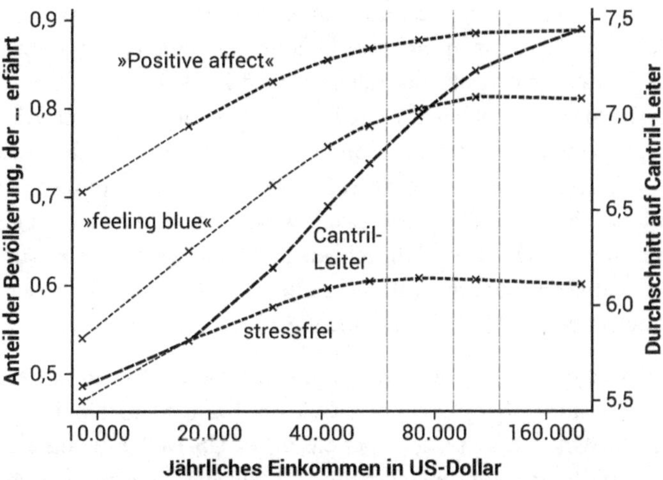


**Abb. 7:** Zusammenhang zwischen Einkommen und unterschiedlichen Formen von Glück (Quelle: (Kahneman & Deaton, 2010))

»Positive affect« beinhaltet in der Untersuchung den Anteil der Bevölkerung, der über am Vortrag empfundenes Glück, über ein Lächeln und Freude berichtete. Mit »not blue« sind Emotionen wie »keine Sorgen« und »keine Traurigkeit« gemeint. Und unter »stress free« fällt der Anteil der Bevölkerung, der einen stressfreien Vortag hatte.[119] Wie wir sehen, hat die Höhe des Jahreseinkommens tatsächlich einen bedeutsamen Einfluss auf das emotionale Wohlbefinden der Menschen – allerdings nur bis zu einer bestimmten Höhe. Die Autoren der Studie konnten zeigen, dass Menschen mit einem Jahreseinkommen von über 75 000 US-Dollar bezüglich der drei untersuchten Komponenten des emotionalen Wohlbefindens sich nur wenig voneinander unterscheiden. Tatsächlich verspüren sie sogar mehr Stress und Sorgen als Menschen mit einem (etwas) geringeren Einkommen. Wohlgemerkt: Die Autoren sprechen nicht von Veränderungen des Einkommens ein und derselben Person, sondern von unterschiedlichen Einkommenshöhen unterschiedlicher Personen zu einem gegebenen Zeitpunkt.

Natürlich ist hierbei unbedingt zu verstehen, dass die Höhe des Einkommens bis zu dem ermittelten »Schlüsseleinkommen« sehr wohl einen positiven Effekt auf das emotionale Wohlbefinden hat. Armut ist stressiger, führt seltener zu fröhlichen Tagen und häufiger zu sorgenvollen und frustrierenden Tagen. Hierbei sprechen wir natürlich nicht von relativen Einkommen, also von Effekten, die dadurch entstehen, dass wir unser Einkommen mit dem Einkommen anderer vergleichen (was im Übrigen ein recht zuverlässiger Weg ist, sich die Laune zu verderben und wir wieder bei den Themen des sich Vergleichens und der Gier im Allgemeinen wären …), sondern von der Tatsache, dass das tägliche Leben mit wenig Geld an sich voller Herausforderungen ist. Insbesondere die Gesundheit, die häufig wesentlich vom Einkommen abhängen kann, auch da die Möglichkeiten zu einer gesunden Ernährung und damit die Ernährungsgewohnheiten bei fehlenden finanziellen Mitteln beeinträchtigt sind, führt eindeutig zu negativen Emotionen.

Bei der Bewertung des eigenen Lebens gemäß der Cantril-Leiter ist ein positiver Zusammenhang zwischen Geld und Glück im Sinne von subjektivem Wohlbefinden auch über die 75 000 US-Dollar hinaus klar zu erkennen. Zwar steigt die Bewertung des eigenen Lebens ab ungefähr diesem Betrag bei höheren Einkommen nicht mehr in gleichem Maße an, jedoch bewerten reichere Personen ihr Leben durchaus eindeutig als glücklicher als arme.

Beachten Sie, dass wir nur die Frage nach dem Zusammenhang zwischen Geld und Glück gestellt und nicht auch noch die Zeit ins Spiel gebracht haben. Grundsätzlich gibt es wahrscheinlich nur wenige Menschen auf der Erde, die nicht gerne mehr Geld und gleichzeitig mehr Zeit hätten. Doch Zeit und Geld bilden im Zusammenhang mit der Arbeit im Leben einen Trade-off: je mehr Zeit man hat, über desto weniger Geld verfügt man und je mehr Geld man hat, über umso weniger Zeit verfügt man, wobei an beiden Mechanismen das Geld verdienen durch Arbeit, die Zeit kostet, schuld ist. Auch beim Konsum treffen wir häufig Entscheidungen für oder gegen entweder Geld und Zeit: Nehmen wir den Direktflug ohne Umsteigen, sparen wir Zeit, zahlen aber mehr für das Ticket. Vielleicht nehmen wir für einen besser bezahlten Job ein längeres Pendeln in Kauf, verdienen dann zwar mehr Geld, haben aber noch weniger Zeit es auszugeben. Eine Forschergruppe um Hal E. Hershfield hat den Wunsch nach mehr Zeit und Geld im Rahmen einer Studie genauer untersucht.[120] Sie stellte dabei fest, dass die Mehrheit mehr Geld gegenüber mehr Zeit bevorzugt, dass jedoch diejenigen, die mehr Zeit gegenüber mehr Geld bevorzugen, glücklicher sind – insbesondere, je mehr Wert sie auf Zeit im Vergleich zu Geld legen.

Wir können an dieser Stelle nochmals eine weitere Komplikation im Zusammenhang von Zeit, Geld und Glück hinzufügen und zwar die des Vergleichens. Immer wieder vergleichen wir häufig unbewusst unser eigenes Einkommen und unsere eigene zur Verfügung stehende Zeit mit dem Einkommen und der Zeit anderer. Hierzu ein kleines Experiment: Stellen Sie sich vor, Sie hätten die Wahl zwischen folgenden Welten, in denen Sie leben könnten:

Welt 1: Sie verdienen 50 000 Euro im Jahr, während alle anderen 25 000 Euro im Jahr verdienen.

Welt 2: Sie verdienen 100 000 Euro im Jahr, während alle anderen 250 000 Euro im Jahr verdienen.

Nehmen wir an, die Preise in beiden Welten sind gleich. In welcher der beiden Welten würden Sie lieber leben?

Der britische Glücksforscher Richard Layard zitiert in seinem Standardwerk zum Thema *Happiness* ausführlich, wie in verschiedenen Studien in diesem Zusammenhang herausgekommen ist, dass Menschen auf absolutes Gehalt verzichten, wenn sie nur mehr als andere verdienen.[121] In unserem Beispiel bevorzugen die meisten Menschen die erste Welt, nur weil sie mehr verdienen als andere, obwohl sie in der zweiten Welt deutlich mehr als in der ersten verdienen würden. Wie glücklich wir also mit unserem Einkommen sind, hängt demnach von zwei Faktoren ab: erstens, wieviel die anderen verdienen und zweitens, wieviel wir es gewohnt sind zu verdienen. Tatsächlich ist es nämlich ausgesprochen menschlich, sich relativ schnell beispielsweise an eine fünfprozentige Gehaltssteigerung zu gewöhnen, womit der »Glückseffekt« recht schnell wieder verpufft.

Besonders interessant wird es nun, wenn wir folgende beide Welten zur Wahl haben:

Welt 1: Sie haben zwei Wochen Urlaub im Jahr, während alle anderen eine Woche haben.

Welt 2: Sie haben vier Wochen Urlaub im Jahr während alle anderen 8 Wochen haben.

Welche dieser beiden Welten würden Sie bevorzugen?

Jedes Mal, wenn wir diese Umfrage durchführen, gibt es einen oder zwei Personen in der Gruppe, die aus welchen Gründen auch immer lieber in der ersten Welt leben würden, aber natürlich ist die zweite Welt die Wahl fast aller Menschen. Wenn es um das Gehalt geht, nehmen wir schnell eine rivalisierende Haltung ein – wenn es um Zeit geht jedoch nicht. Dies hat unter anderem zur Folge, dass wir unsere Zeit viel zu billig verkaufen und viel zu viel Zeit aufgeben, um unser Einkommen ein wenig steigern zu können. Wieder bestätigt sich, dass ein Geheimnis des Glücks ist, sich nicht mit anderen zu vergleichen – schon gar nicht mit Menschen, die erfolgreicher als man selbst sind und wenn überhaupt, dann wenigstens nur mit Menschen, die weniger haben.

Wir sehen also, dass Geld sehr wohl glücklich(er) machen kann. Wir müssen jedoch genauer hinschauen und uns fragen, von wieviel Geld wir sprechen. Mehr Geld kann glücklicher machen, wenig Geld macht auf jeden Fall unglücklicher. Und wir müssen uns fragen, wofür die Menschen ihr Einkommen, insbesondere ihr diskretionäres Einkommen, ausgeben. Wir werden auf den Zusammenhang zwischen Zeit, Geld und Glück auch im folgenden Abschnitt noch einmal zurückkommen, in dem wir uns mit den erweiterten Einsatzmöglichkeiten von Geld im Rahmen des Konsums beschäftigen und sehen werden, wie durch die Nutzung von Geld möglichst viel Glück entstehen kann.

## Der Konsument und das Glück

»Die Bibeln unserer Wohlstandsgesellschaft heißen Versandhauskataloge.«

*Ernst Ferstl*[122]

»Kauf Dich glücklich« und »schrei vor Glück« nach dem erfolgten Kauf: Wenn diese Aufforderungen zum Konsum aus der Werbung das gewünschte Ziel erreichen würden, würden wir nur grinsende

Menschen auf der Straße sehen, die idealerweise auch noch schreien. Dem ist natürlich nicht so – obwohl wir alle jeden Tag Geld ausgeben und sei es nur für einen »Coffee to go« oder irgendetwas zum Abendessen. Macht Konsum also gar nicht glücklich? Kann er überhaupt zum bereits eingangs diskutierten Glück der Fülle führen? Oder trägt er doch zumindest zum Wohlfühlglück bei? Wie so oft liegen die Antworten im Detail und dankenswerterweise gibt es hierzu eine Unmenge von wissenschaftlichen Untersuchungen, von denen wir einige genauer beleuchten wollen.

Werfen wir dabei zunächst einen Blick auf das, was wir bereits besitzen und hier auf eine Kategorie, für die wir mehr oder weniger große Schränke in unseren Wohnungen stehen haben: Kleidung. Tatsächlich sind 60 Prozent der Deutschen der Meinung, dass sie mehr Kleidung besitzen als sie benötigen – und 20 Prozent kaufen sich sogar mehr Kleidung als sie sich eigentlich leisten können.[123] In Deutschland ist der wichtigste Auslöser für den Kauf nebenbei bemerkt das »Schnäppchen«, also ein Rabatt, weil es Sommer wird oder Winter oder »alles raus muss« (übrigens sind in der Volksrepublik China die wichtigsten Auslöser Postings in sozialen Medien sowie die Bewerbung durch Celebrities). Tatsächlich hat der Kauf von Kleidung eine positive Wirkung auf unser Glücksniveau – allerdings geben 8 Prozent der von Wahnbaeck und Roloff befragten Deutschen zu, dass der »Shopping Buzz« nur »einige Momente« anhält, 24 Prozent wählten die Antwortmöglichkeit »ein halber Tag«, insgesamt ist das mit dem Kauf verbundene positive Gefühl bei über der Hälfte der Befragten schon spätestens nach einem Tag wieder vorbei und hält in den seltensten Fällen nur eine Woche oder länger an. Im Endeffekt haben wir viel zu viele Kleidungsstücke zu Hause – und Bücher wie *Magic Cleaning: Wie richtiges Aufräumen Ihr Leben verändert*, in dem Marie Kondo eindrücklich beschreibt, wie man unter anderem zu viel Kleidung am effektivsten wieder aussortiert, werden weltweit zu Bestsellern.[124]

Um nach einem Kauf erneut einen »Glücksimpuls« setzen zu können, müssten wir wieder etwas kaufen. Doch auch dieser Glücksimpuls wird nicht lange anhalten. Der Mensch verfügt über ein besonders ausgeprägtes Geschick bei der Anpassung an neue Situationen und hier insbesondere materielle Gegenstände wie beispielsweise Kleidung, Accessoires, Autos und Smartphones. Dadurch stecken wir in der hedonistischen Tretmühle fest,[125] aus der wir nur mit Mühen und Tricks herauskommen. Tatsächlich nutzen einige Unternehmen den Effekt der hedonistischen Tretmühle bewusst und geschickt aus und machen es den Konsumenten so besonders schwer, sich vom Bedürfnis nach dem Kauf eines neuen Produktes zu lösen. So versteht es Apple hervorragend, regelmäßig durch mehr oder weniger neue Editionen seines iPhones die hedonistische Tretmühle seiner Kunden in Schwung zu halten, sodass sie nicht abspringen können: Immer wenn sich die Kunden zu sehr an die neue iPhone-Version gewöhnt haben wird bereits die nächste Version angekündigt – und der eine oder andere Fan holt schon einmal den Klappstuhl aus dem Keller hervor, um dann bald vor dem nächsten Apple Shop zu kampieren, damit er einer der ersten ist, der das neue iPhone in den Händen halten wird. Er wird durch den Kauf beim Verlassen des Apple Shops sichtbar glücklicher sein – allerdings wird auch bei ihm der Glückseffekt nach wenigen Tagen wieder verpufft sein. Gut für Apple, schlecht für den iPhone-Käufer, der dann wieder sein dann altes iPhone zu den anderen in die Schublade legen wird. Er nimmt nicht wahr, dass er einem klassischen »Impact Bias« unterliegt, also das mit dem Kauf eines Produktes verbundene zukünftige Glück regelmäßig überschätzt.[126]

Viele Menschen konsumieren noch aus einem anderen Grund zu viel: sie wollen »mithalten« können, indem sie zeigen, was sie sich leisten können. Man kann dieses Phänomen natürlich recht gut anhand von Kleidung beschreiben, aber auch anhand der Autos in der Nachbarschaft, der Wohnungsausstattung bei Bekannten und Freunden und so weiter. An der Spitze stehen vielleicht Superyachten, die Jahr für Jahr länger zu werden scheinen, was natürlich für denjenigen, der nun nur noch die zweitlängste Yacht besitzt, ärgerlich ist. Status und das damit verbundene Einordnen von einem selbst in eine soziale Gemeinschaft ist unmittelbar mit dem Konsum von Statusgütern und Glück verbunden. Die Falle stellt hier wieder das ständige Vergleichen dar. Schon Kinder vergleichen sich und das, was sie besitzen mit anderen, doch insbesondere für Jugendliche wie auch Erwachsene kann das ständige Vergleichen zur Belastung werden – und zwar in allen gesellschaftlichen Schichten. Der englische Philosoph Bertrand Russell[127] stellte nicht zuletzt fest: »Bettler beneiden keine Millionäre, jedoch natürlich andere Bettler, die mehr verdienen als sie selbst.« Die Lösung besteht hier wiederum darin, aus dem ständigen Vergleichen auszusteigen. Letztendlich wird es immer jemanden geben, der mehr besitzt, etwas Teureres hat, schöner ist und die perfektere Familie hat. Letztendlich vergleichen wir sichtbare Oberflächlichkeiten. Auf einem Poster der vom britischen Ökonomen Lord Richard Layard initiierten »Action for Happiness«-Kampagne heißt es dazu als Tipp: »Don't compare your insides with other people's outsides.«

Auf eine wichtige Unterscheidung, die die Glücksforschung in Bezug auf Konsum unternimmt, wollen wir noch kurz hinweisen. Welche Form von Konsum macht uns glücklicher: der Kauf materieller Produkte oder der Erwerb einer Erfahrung? In beiden Fällen geben wir Geld aus mit der Erwartung, anschließend glücklicher zu sein. Tatsächlich konnte recht klar nachgewiesen werden, dass Erfahrungskonsum im Allgemeinen glücklicher macht, als materieller Konsum – und zwar sowohl zum Zeitpunkt des Kaufes als auch noch Monate nach dem Kauf (siehe 8).[128] Intuitiv mögen wir das wissen, aber was genau sind die Gründe dafür? Ein erster Grund liegt in der schon erwähnten Tendenz des Menschen ständig zu vergleichen. Ein Objekt lässt sich einfacher mit anderen Objekten vergleichen. War die Wahl dieses Fernsehers wirklich die beste für das ausgegebene Geld? Wäre nicht doch der andere Fernseher der anderen Marke eine bessere Wahl gewesen? Ist der Fernseher nicht eigentlich doch schon technisch veraltet? Und haben die Müllers nicht einen noch tolleren Fernseher? Er ist viel größer als der gerade erworbene eigene – und er kann 3D. Reisen, Erlebnisse und Erfahrungen hingegen lassen sich naturgemäß viel schwieriger vergleichen.

Außerdem haben Erlebnisse die entscheidende Eigenschaft, dass sie durch das Erleben Teil von uns selbst werden. Das Erlebnis werden wir nie zum Wertstoffhof bringen oder uns anderweitig seiner entledigen können. Damit wird es automatisch ein unabstreifbarer Bestandteil unseres Lebens. Die Erlebnisse, die wir auf der Reise gewonnen haben, mögen uns zu einem Teil verändert haben. Erlebnisse lassen uns wachsen und bereichern das Leben. Sie tragen zum Sinn des Lebens bei. Letztlich erzählen sie auch die besseren Geschichten: Das Interesse an einem ausführlichen Bericht über den neuen Fernseher ist im Zweifel recht schnell erschöpft, Erzählungen über die Erlebnisse bei der letzten Urlaubsreise hingegen können deutlich spannender sein.

Entsprechend lohnt es sich, Konsumentscheidungen auch bewusst im Hinblick auf die Art des Konsums zu treffen – und sich öfters einmal gegen den Kauf eines weiteren Gegenstandes zu entscheiden, um stattdessen das Geld für ein Erlebnis mit der Familie und Freunden auszugeben. Und wenn es doch um den Kauf eines Objektes geht, dann sollte dieses wenigstens mit der Intention erworben werden, dass sein Einsatz zu einem Erlebnis führt. Denn tatsächlich liegen Gegenstände wie ein neues Paar Ski oder ein neues Fahrrad auf der Grenze zwischen materiellem Konsum und Erlebniskonsum: Erst der Kauf des neuen Fahrrads ermöglicht die unvergesslichen Radtouren, von denen wir berichten und an die wir uns unser Leben lang erinnern werden. Kaufen wir also ein Produkt allein um des Besitzes willen, handelt es sich um materiellen Konsum mit einem höchstens kurzfristig positiven Effekt auf unser persönliches Glück. Kaufen wir jedoch ein Produkt, das uns als Vehikel für ein Erlebnis dient, so kann es durchaus zur nachhaltigeren Steigerung des Glücks beitragen.

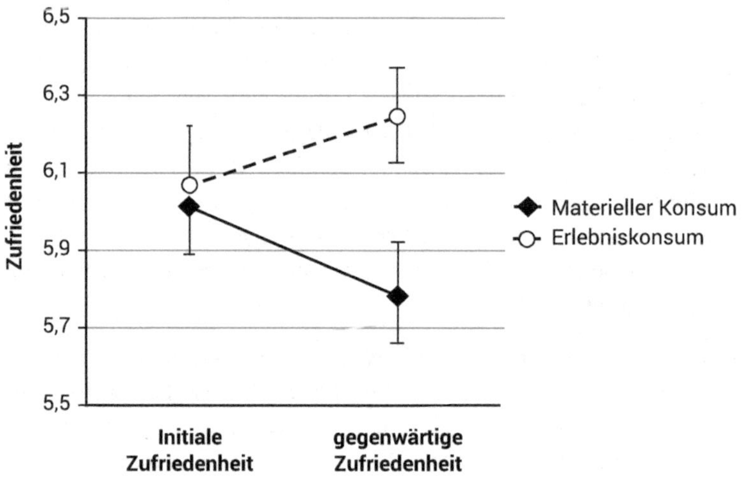


**Abb. 8:** Erlebniskonsum vs. materieller Konsum und Glück (Carter & Gilovich, 2010)

In der Wissenschaft wird vom »Experiential Advantage« gesprochen, also dem Vorteil, den Erfahrungen vor dem Hintergrund eines positiven Glückseffekts gegenüber Objekten haben. Neben den bereits genannten Gründen für den »Erfahrungsvorteil« spricht für eine Investition in Erfahrungen auch noch, dass es viel schwieriger ist,

Erfahrungen im gesellschaftlichen Kontext zu vergleichen. Ein Fallschirmsprung mag für den einen ein großartiges Erlebnis sein, für einen anderen der größte vorstellbare Alptraum. Ein Essen in einem Dreisternelokal mag für den einen die Erfüllung eines Lebenstraums sein, ein anderer würde sich in einem Burger-Restaurant wohler fühlen.

Um dem Bedürfnis nach Erlebnissen gerecht werden zu können, entstanden in den vergangenen Jahren immer differenziertere Angebote beispielsweise in der Reise-, Tourismus- und Wellness-Industrie. So richtete der Reiseanbieter »G Adventures« (von dessen Gründer wir unten noch mehr berichten werden) spezielle Kategorien wie »18 & thirtysomethings«, »Local Living«, »Active« und so weiter ein. In der ersten Angebotsgruppe sind die Touren lose strukturiert, jeder kann sich jederzeit die Freiheit nehmen, an Aktionen teilzunehmen oder sich selbstständig zu machen. Die Unterbringungsmöglichkeiten sind günstig und es wird gerne der lokale Nachtzug genommen. Reisen in der »Local Living« Kategorie erlauben es, ein immersives Erlebnis in einer fremden Kultur zu erfahren. Es geht darum, das Leben der Einheimischen so authentisch wie möglich erleben zu können. So ist das Leben mit einer Gastfamilie im Amazonas-Dschungel inklusive der Herstellung eigener Schokolade, ein Fußballspiel mit den lokalen Kindern und eine Wanderung durch den Dschungel sicherlich Erlebnisse, von dem man für den Rest seines Lebens zehren kann. Endgültig Teil von einem selbst werden die Erlebnisse, die auf Reisen in der Kategorie »Multisport« unter den »aktiven Reisen« angeboten werden: So kann es passieren, dass im Rahmen ein und derselben Reise Strecken mit dem Fahrrad zurückgelegt werden, gewandert und gepaddelt wird und auch noch die Möglichkeit besteht, im Atlantik zu surfen. Natürlich sind Reisen prädestiniert für einen »Experiential Advantage«, wie wir sehen können, wird jedoch auch in dieser Kategorie eine besondere Erlebnisvielfalt und -tiefe angeboten, die dazu führt, dass selbst die Erinnerung an diese Reisen immer wieder zu zwar verfälschten aber dennoch möglicherweise kleinen Glücksmomenten führen kann.

### Die Vermarktung von Glück

Unternehmen sind seit jeher auf der Suche nach innovativen Wegen, ihre Produkte und Dienstleistungen an die Kunden zu vertreiben. Natürlich ist es dabei auch möglich, sich die Ergebnisse der jüngeren

Glücksforschung zunutze zu machen und diese insbesondere im Marketing einzusetzen. Das macht durchaus Sinn, denn wir wissen, dass glückliche Kunden gerne über ihre Erfahrungen beim Kauf und bei der Nutzung des Produktes sprechen. Sie teilen gerne bei diversen Gelegenheiten online oder offline mit, warum ihnen der neue Rucksack oder die neue Tasche so viel Freude bereitet. Glückliche Kunden betreiben für Sie als Anbieter Marketing. Unglückliche Kunden allerdings, die sich über die Geldverschwendung für eine neue, nicht funktionierende Kaffeemaschine ausführlich bei allen Freunden online und offline beklagen, erreichen noch mehr (potenzielle) Kunden – und erhöhen indirekt Ihren Marketingaufwand. Glückliche Kunden kommen wieder, denn sie wissen, dass sie beim nächsten Kauf wieder gut behandelt werden und ein Produkt erwerben können, das ihren Erwartungen entspricht. Tatsächlich sind glückliche Kunden dann auch bereit, dafür einen höheren Preis in Kauf zu nehmen. Warum sollte ein Kunde zu einem anderen Anbieter wechseln, wenn er bereits die Erfahrung gemacht hat, dass sich der Service des Waschmaschinenlieferanten perfekt um die Lieferung und den Anschluss der Maschine gekümmert hat? Vielleicht kostet die Maschine bei einem anderen Händler weniger, aber klappt es mit der Lieferung und dem Anschluss auch so reibungslos? Entsprechend loyal sind glückliche Kunden. Derartige Mechanismen zu ignorieren kostet mittelfristig unverhältnismäßig viel Geld.

Wir wissen bereits, dass es verschiedene Ausprägungen von Glück gibt und dass wir beispielsweise zwischen Hedonismus (wir haben hier auch vom Wohlfühlglück gesprochen) und Eudaimonie (in den vorangegangenen Kapiteln auch als Glück der Fülle bezeichnet) unterscheiden können. Einige Marken zielen stark auf den hedonistischen Effekt des Konsums, andere Marken bieten neben der eigentlichen Zweckbefriedigung durch den Konsum des Produktes auch einen erweiterten Sinn, der durch den Konsum des Produktes unterstützt beziehungsweise erst ermöglicht wird. Mehr und mehr Unternehmen erkennen dieses Bedürfnis, welches insbesondere bei der »Generation Y« und der »Generation Z« verstärkt ausgeprägt ist.[129] Konsum, der zwar Konsum bleibt, aber mit dem wir gleichzeitig »die Welt retten« können, ist für den bewussten Konsumenten heute der »glücksoptimierte« materielle Konsum. Praktischerweise gibt es ein einleuchtendes Modell, das nicht nur Unternehmen helfen kann, die

»Glücksbedürfnisse« ihrer Konsumenten zu befriedigen, sondern es auch dem interessierten Leser ermöglicht, verschiedene Maßnahmen im »Glücksmarketing« zu erkennen und entsprechend einzuordnen.

Schauen wir uns das »PME Happiness Modell«, welches Bernd Schmitt von der Columbia Business School in seinem Buch ausführlich aufbereitet hat und in seinen Ursprüngen auf Martin Seligman und Christopher Peterson zurückgeht, einmal genauer an.[130] Im Rahmen dieses Modells werden die Elemente »Pleasure« (P), »Meaning« (M) und »Engagement« (E), die im Rahmen des Marketings einem Produkt angehaftet werden können, kombiniert. Alle Elemente, insbesondere aber die ersten beiden, lassen sich unmittelbar mit der Glückstheorie verknüpfen. »Pleasure« (wir bleiben der Einfachheit halber bei den englischsprachigen Originalbegriffen) steht dabei für den hedonistischen Ansatz des Glücks, also für den Spaß an dem Produkt oder den Spaß und die Freude, der durch die Nutzung des Produkts ermöglicht wird. Aus dem »Meaning« des Produktes lässt sich eine zusätzliche Befriedigung ableiten, da der Konsument alleine durch den Konsum dieses Produktes (und eben nicht eines anderen) Teil von etwas wird, das größer ist, als er selbst. Häufig wird auch der Begriff »Purpose« im Sinne von »höhere Bedeutung« in diesem Zusammenhang verwendet. »Engagement« führt dazu, dass wir komplett in eine Aktivität eintauchen und von ihr absorbiert werden. Umso stärker dies beispielsweise im Rahmen einer Marketingkampagne gelingt, desto stärker wird das Produkt und/oder seine Marke Teil von einem selbst. Durch das (natürlich positive) Erlebnis entsteht eine intensivere Verbindung zwischen dem (potenziellen) Kunden und der Marke mit ihren Produkten. Was steckt im Einzelnen dahinter und welche Beispiele gibt es hierzu?

»Pleasure«, das erste Element des PME-Modells, soll gemäß dem klassischen Verständnis des hedonistischen Glücks dazu dienen, die Freude und den Spaß zu erhöhen und Schmerz und Leiden zu verringern. Zur Realisierung dieses »Effekts« schlägt Schmitt die »Feel good«-Methode vor. Hierbei nimmt beispielsweise der Marketingmanager oder die Produktmanagerin die Rolle eines Designers ein und konzentriert sich auf die Frage, wie genau das Leben des Kunden durch das angebotene Produkt oder den Service mit Spaß und Freude angereichert wird beziehungsweise werden sollte. Es geht darum, das

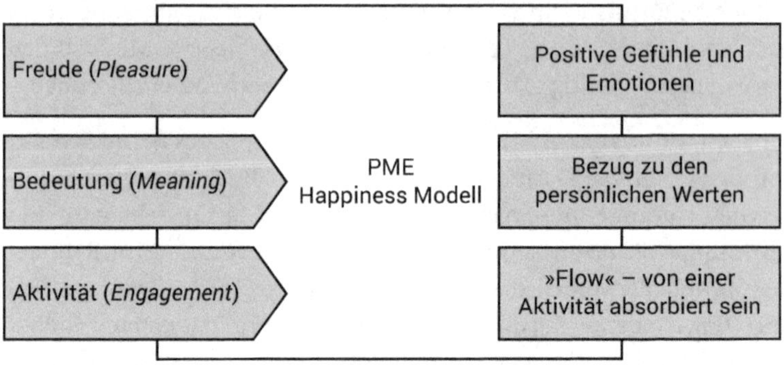


**Abb. 9:** PME Happiness Modell (eigene Abbildung basierend auf Bernd Schmitt (2012))

Produkt so zu gestalten, dass der Konsument es mit all seinen Sinnen positiv erfahren kann und diese Erfahrungen genießt. Wie fühlt es sich für ihn an, wenn er sein neues Smartphone in der Hand hält oder das neue Besteckset oder hinter dem Lenkrad in seinem neuen Auto sitzt? Es kommt auf die Details der Produktgestaltung und des Designs an und der Kunde soll diese Details wahrnehmen und sie spüren. Die Wahrnehmung beschränkt sich nicht nur auf die Haptik, sondern auch der Duft des »Hallo Glückstag«-Duschgels (siehe oben) oder der Geschmack der handgeschöpften und auf der Zunge zerschmelzenden Schokolade spielen eine Rolle.

Die »Feel good«-Methode wird gerne in guten Hotels gepflegt. Von den visuellen Eindrücken, die beim Betreten der Lobby entstehen über die olfaktorischen Reize aus dem angrenzenden Café bis hin zu den sensorischen Erfahrungen beim Gang über den Hotelteppich und schließlich beim Aufschlagen der Bettwäsche – all diese Elemente und viele mehr können durch einen Designer oder zumindest mit seiner Hilfe so gestaltet werden, dass der Gast Freude darüber empfindet, in einem Hotel zu sein, in dem er weit entfernt von zu Hause gerne einige Zeit verbringen möchte. Idealerweise bucht er beim nächsten Aufenthalt in der Stadt wieder dieses Hotel, wobei das Hotel dann die eine oder andere Veränderung oder Verbesserung vorgenommen haben sollte, sodass der Gast neue angenehme Momente erfahren und genießen kann.

Letztendlich geht es darum, dass der Kunde gleich zu Beginn der Kundenbeziehung einen angenehmen Moment erfährt und dieser Moment immer wieder im Laufe der Kundenbeziehung durch positive

Überraschungen erzeugt werden kann. Die Kundenerfahrung (Übernachtung im Hotel) wird durch zahlreiche Elemente angereicht, wobei dem Kunden die bereitgestellten Details auffallen und bewusstwerden, ihn also unmittelbar über seine Sinne ansprechen.

Es gibt jedoch zwei Herausforderungen beim »P« des PME-Modells: Erstens ist diese Form des Glücks, nämlich das Wohlfühlglück, nur vorübergehend. Die Eindrücke, die durch die Details im Hotel entstanden sind, verfliegen nach kurzer Zeit wieder und das Glücksniveau des Gastes erreicht wiederum seinen ursprünglichen Stand. Es bedarf eines neuen Impulses, um abermals ein höheres Glücksniveau zu erreichen. Zweitens übersehen wir viel zu oft die an uns gerichteten Details des Produktes oder Service. Viel zu oft nehmen wir sie nicht wahr, weil wir selbst im Moment des Konsums diesen Moment nicht einmal mit uns selbst teilen, sondern in Gedanken ganz woanders sind. Bewusster, achtsamer Konsum hingegen trägt dazu bei, dass wir als Kunden überhaupt erst eine stärkere emotionale Bindung zu dem Produkt herstellen können und dadurch auch erst den vollen Wert dessen erfahren und erfassen, für das wir bezahlt haben. Nur dann wüssten wir das, wofür wir mehr oder weniger hart verdientes Geld ausgeben, zu schätzen – und würden unseren Konsum vielleicht sogar gezielter und weniger häufig ausüben.

Die zweite Methode, die im PME-Modell zur Anwendung kommt und sich damit auf das Element der »Bedeutung« (Meaning) bezieht, ist die »Vaues and Meaning«-Methode. Wir wissen bereits, dass nicht nur Hedonismus, sondern auch Eudaimonie zum umfassenden Glücksverständnis gehört. Durch die Umsetzung der »Values and Meaning«-Methode ermöglicht das Unternehmen seinen Kunden, einen zusätzlichen höheren Sinn zu seiner Konsumentscheidung und damit zu ihrem Leben hinzuzufügen. Unternehmen handeln heute immer häufiger wertebasiert – zumindest die langfristig erfolgreichen. Skandale wie VWs »Diesel Gate« beeinträchtigen nachhaltig das Image einer Marke und potenzielle Kunden denken beim Kauf eines neuen Autos zwei Mal über den Kauf eines VWs nach. Einfach »nur« ein Auto zu verkaufen, welches einen möglichst schnell und sicher von A nach B bringt und welches mit allerlei Features ausgestattet ist, ist heute nicht mehr ohne weiteres möglich. Kunden insbesondere der jüngeren Generation wissen, dass Autos grundsätzlich nicht ökologisch nachhaltig sind. Wenn schon ein Auto gekauft werden soll, so darf es wenigstens die persönlichen Werte nicht verletzen. Die Werte, für die eine Marke steht, werden von den Konsumenten geteilt – und umgekehrt. Dadurch kann allein durch den Konsum des Produktes ein tieferes, länger anhaltendes Gefühl von Glück erzeugt werden. Wir kaufen einen Toyota Prius nicht notwendigerweise, weil es ein schnelleres Auto mit einem besonderen Preis-Leistungsverhältnis ist, sondern weil das Auto als Hybridfahrzeug im Betrieb die Umwelt schont. Für einen Autofahrer, der die Werte Nachhaltigkeit, ökologisches Bewusstsein, Einsparung natürlicher Ressourcen und Reduzierung von Lärmemission in seine Konsumentscheidung einfließen lässt, ist die Entscheidung recht klar: Er kauft eben ein Hybrid- oder sogar ein reines Elektrofahrzeug, denn mit ihm erlebt er immer wieder aufs Neue Glück, wenn er das Auto im Bewusstsein fährt, damit die Umwelt zu schonen. (Natürlich wäre es noch sinnvoller überhaupt nicht mit dem Auto zu fahren.)

Im Rahmen der »Values and Meaning«-Methode geht es also darum, Werte, die für die Kunden wichtig sind, zu identifizieren, die Aufmerksamkeit der Kunden darauf zu richten und ihnen ein Angebot zu machen, bei dem es nicht ausschließlich um das Produkt und seine Funktionalitäten geht, sondern auch um den Zusatznutzen, den der Kunde durch den Kauf des Produktes stiften kann. Der Marketing-Manager oder die Produkt-Managerin geht hier also vor wie eine Anthropologin.

Zahlreiche junge Unternehmen machen sich diese Mechanismen zunutze und ergänzen ihre Marke und ihre Produkte mit einem »Higher Purpose«. Gerade im Lebensmittelbereich scheint es heute nicht mehr möglich zu sein, ein neues Produkt auf den Markt zu bringen, durch das der Konsument mit dem Kauf nicht gleichzeitig hilft »die Welt zu retten«. Bei der Wassermarke »Viva con Agua« unterstützt man mit dem Kauf des Wassers nicht nur Wasserprojekte in aller Welt, sondern man kann bei der Marke sogar Fördermitglied werden. Fairtrade-Schokolade und Fairtrade-Kaffee erzeugen beim Kunden vielleicht zuerst ob des Preises einen gewissen Schreck, tragen dann aber letztendlich nicht nur durch den Genuss zum hedonistischen Glücksgefühl bei sondern geben ihm auch das Gefühl, mit seinem Kauf eine sinnvolle Entscheidung getroffen zu haben. Wenn Sie ein Paar Schuhe von TOMS kaufen, erhält ein Kind in Argentinien automatisch auch ein Paar Schuhe – und Sie tragen im Sinne der Eudaimonie zum guten

Leben bei. Vorsicht ist natürlich geboten, wenn der durch den Kauf des Produktes erzielbare »Higher Purpose« lediglich ein Etikett ist in im Grunde nur den Verkauf des Produktes ankurbeln soll. Glaubwürdigkeit gewinnen derartige Ansätze nur, wenn sie tief in der Unternehmensphilosophie verankert sind. Ein Unternehmen, welches bei der Produktion eines Produktes beispielsweise Mitarbeiter ausbeutet und ökologische Nachhaltigkeit vernachlässigt, dann aber anbietet »die Welt zu retten«, indem es je verkauftem Produkt einen bestimmten Betrag spendet, betreibt nichts weiter als »Purpose Washing«. Die Konsumenten sind also aufgerufen, diese Unternehmen genau unter die Lupe zu nehmen – und Unternehmen, die ehrlich einen Zusatznutzen stiften wollen, sind aufgerufen für größtmögliche Transparenz zu sorgen.

Die dritte und letzte Methode, die im Rahmen des PME-Modells zur Anwendung kommen kann, ist die »Engagement-Methode«. Mit ihr soll erreicht werden, dass der Kunde aktiv mit dem Produkt beziehungsweise der Marke in Interaktion tritt. Wenn Sie beispielsweise gerne fotografieren ist es etwas anderes, ob Sie Ihre neue Traumkamera nur im Schaufenster sehen, Testberichte darüber in Fachzeitschriften lesen, sie vielleicht sogar einmal im Geschäft in der Hand halten oder bei einem von Canon, Nokia oder Leica organisierten Outdoor-Photo-Workshop die Kamera ausführlich testen. Tatsächlich bietet beispielsweise Leica in der Leica Akademie (nicht nur) für seine Kunden (die zumeist auch Fans der Marke sind) verschiedene Photoworkshops in der Zentrale in Wetzlar an. Auch Workshops zu besonderen Themen wie eine »Einführung in die Kunst der Zen Photographie über Wabi-Sabi« können gebucht werden: Übernachtet wird dabei in einem Kloster, die Tage beginnen mit einer Meditation und die »Arbeit« an Motiven mit einem »Einfühlen in die Landschaft«. Ein »Eintauchen« der Teilnehmer in die Marke Leica geschieht gleichsam gleichzeitig, nebenbei und automatisch. Im Zweifel teilen Sie die Ergebnisse einer derartigen »Auszeit mit der Kamera« anschließend gerne im Internet oder zeigen sie Freunden und Verwandten. Sie teilen die Freude über das Erlebnis und die Ergebnisse und Sie sind glücklich darüber, denn nicht nur hatten Sie ein besonderes Erlebnis, sondern die Ergebnisse entsprechen auch Ihren Werten nach Ästhetik, Schönheit im Verfall und Achtsamkeit. Und Sie werden zu einem noch loyaleren Kunden und wiederkommen.

Über die Beeinflussung potenzieller Kunden durch Marketing und damit verbundene potenzielle ethische Fragen haben wir wahrscheinlich bereits so lange diskutiert wie es Marketing gibt. Das besondere an »Happiness sells« ist, dass Ergebnisse aus der Glücksforschung ausgesprochen facettenreich eingesetzt werden können (wobei hier nur ein kleiner Ausschnitt gezeigt werden konnte). Miteinander kombiniert können sie zu einem sehr wirkungsmächtigen Werkzeug werden. Nicht immer werden alle drei Elemente des PME-Modells gleichzeitig eingesetzt, sondern in der Regel findet eine Beschränkung auf ein oder zwei Elemente statt. Eine Kampagne, die alle drei Elemente auf eindrucksvolle Weise ineinander vereint und gleichsam als »Benchmark« für eine Kampagne im öffentlichen Raum dienen kann, soll im Folgenden kurz beschrieben werden.

## Werbung und Glück

Am 18. März 2013 wurden zwei »Small World Machines« in zwei Shopping-Malls aufgestellt. Eine in einem Mall in Neu-Delhi in Indien und die andere in Lahore in Pakistan. In zwei Städten, die einerseits geographisch lediglich etwas mehr als 400 Kilometer auseinander andererseits aber aufgrund der politischen Spannungen in zwei Welten liegen. Beide Maschinen waren mit Kameras, großen Touchscreens und einem Ausgabeschacht ausgestattet und wurden reichlich mit Blumen und anderen kulturellen Objekten geschmückt. In Indien wie auch in Pakistan näherten sich Menschen neugierig der Maschine und stellten dabei fest, dass sie auf dem Bildschirm andere Menschen sehen konnten, die sich genauso vorsichtig dem Automaten näherten. Nur waren die Menschen auf der anderen Seite in Pakistan beziehungsweise in Indien. Über Animationen auf dem Bildschirm wurden sie aufgefordert, auf beiden Seiten eine Hand auf den Bildschirm zu legen – und sich so zumindest virtuell über Grenzen hinweg zu berühren. Sie wurden aufgefordert gemeinsam ein Friedenssymbol zu zeichnen, zu tanzen oder einfach nur dem anderen zu winken. Jeder, der mitmachte, fand am Ende eine Coca-Cola im Ausgabeschacht der »Small World Machine« vor.

Die Kampagne erfüllte alle drei Elemente des PME-Modells und sprach damit die Menschen auf den verschiedensten Glücksebenen an: Es hat den Menschen in Neu-Delhi und in Lahore offensichtlich viel Spaß gemacht, gemeinsam mit jemandem »auf der anderen Seite« die

Maschine zu nutzen. Und es macht Spaß, sich das Video (einen Link finden Sie am Ende dieses Kapitelteils) anzuschauen: Das Video strotzt nur so vor »Pleasure«. Durch die Wahl der Aufstellungsorte der beiden Maschinen wird die Kampagne in einen höheren Kontext gestellt: Die Sehnsucht der Menschen in Indien und Pakistan, sich treffen und miteinander leben zu können. Es geht nicht in erster Linie darum, auf einem übergroßen Touchscreen zu zeichnen oder gar »nur« eine Coca-Cola zu trinken, sondern es geht um die Überwindung einer unüberwindlichen Grenze und die Überwindung der Sehnsüchte der Menschen. Jeder Teilnehmer und jeder, der das Video gesehen hat, wird Coca-Cola nun auch damit in Verbindung bringen. Und letztlich verfügt die Kampagne natürlich über einen sehr hohen »Engagement«-Faktor, denn die Teilnehmerinnen und Teilnehmer werden für einen Moment aus ihrem Alltag und ihren Gedanken gerissen und zu einer Aktion angeregt, die sie gemeinsam mit anderen Menschen weit weg und doch so nah hinter dem Bildschirm erleben.

Für Coca-Cola war die Kampagne ein voller Erfolg: über 3,2 Millionen Views konnten auf Youtube generiert werden (Stand 2017), über 18 Millionen Facebook- und Twitter-Nutzer wurden erreicht und es wurde rund 5 000-mal in Online-Medien wie Websites, Web TV und Blogs und andere darüber berichtet. Dazu beigetragen hatten nicht zuletzt die 700 Teilnehmer der Aktion und die 10 000 Zuschauer, an die auch eine entsprechende Anzahl an »Cokes« verteilt wurden. 10 000 Dosen Coca-Cola, die mit Glück, höherem Sinn und Spaß assoziiert werden.

Wie das PME-Modell ausgereizt werden kann, demonstrieren die »Small World Machines« von Coca-Cola. Wie wir jedoch auch gesehen haben, steckt hinter dem Begriff Glück auf den zahlreichen Produktverpackungen kaum mehr als leere Worte. Die Märkte sind übersättigt mit oberflächlichen Glücksprodukten. Coca-Cola, die Marke, die mit ihrer »Open Happiness«-Kampagne Maßstäbe in der Vermarktung eines bei genauer Betrachtung lediglich stark zuckerhaltigen, braunen Erfrischungsgetränkes gesetzt hat, hat sich seit 2016 von seinem alten Slogan verabschiedet und setzt nun auf »Taste the feeling«. Wie wir auch gesehen haben, setzen immer mehr Marken auf die tieferen, länger anhaltenden Komponenten des Glücks, indem sie zunehmend einen werteorientierten Konsumenten ansprechen. In seiner extremen Form würde die Marke sogar den Konsumenten dazu auffordern, das

Produkt erst gar nicht zu kaufen und so die eigene Vorstellung von einem guten Leben durch Verzicht auf Konsum oder nur sehr bewussten Konsum zu fördern. Tatsächlich hat Patagonia genau dies mit seiner »Don't buy this jacket«-Kampagne vorgemacht. Manchmal führt auch das Nicht-Kaufen zu den glücklichen Momenten, die wir immer wieder suchen.

## Ein Ausflug: »Selling happiness« in der Ferne

Globale und lokale Marken machen sich weltweit die Assoziationen und Emotionen, die mit Freude und Glück verbunden sind, zunutze. Lassen Sie uns ein wenig über den eigenen Tellerrand hinausschauen und zunächst einen Blick nach Asien werfen und hier zuerst in die Volksrepublik China.

Nach der Öffnung der chinesischen Wirtschaft für die Welt unter Deng Xiaoping im Jahr 1978 herrschte im »Reich der Mitte« zunächst eine »Markenwüste«. Zwar gab es einige wenige klassische chinesische Marken wie zum Beispiel Maotai, die wichtigste chinesische Schnapsmarke und im Jahr 2015 noch die 14. wertvollste Marke des Landes. Über ein gar durch jahrelanges Shopping geschultes Markenbewusstsein verfügte aber noch kaum ein Chinese. Auch westliche Marken begannen erst in den 90er Jahren sich in China mehr oder weniger professionell zu positionieren und sich im »Evoked Set«[131] chinesischer Konsumenten zu verankern. Eine der wenigen westlichen Marken, mit der Chinesen zu diesem Zeitpunkt schon vertraut waren, war Coca-Cola. Erstmals konnten Chinesen 1929 das braune Erfrischungsgetränk kaufen, und nach einer Pause von 30 Jahren unter Mao Zedong ist es nun gleich nach der Öffnung Chinas seit 1979 wieder insbesondere in den Städten möglich, sich mit Coca-Cola zu versorgen.

Wobei Coca-Cola in China nicht »Coca Cola« genannt wird. Es gibt in der chinesischen Sprache keine Silben, die wie »Co-ca-Co-la« lauten würden. Abgesehen davon bedeutet der Name an sich Chinesen nichts. Wie in China üblich wurde auch der Markenname »Coca-Cola« also in China umgetauft und heißt seit jeher »Kekou Kele« (可口可乐). Das klingt nicht nur so ähnlich wie der Originalname, sondern hat auch eine Bedeutung, nämlich »schmeckt gut (可口) und macht glücklich (可乐)«, wobei hier das chinesische Zeichen für fröhlich (快乐 – kuaile) im Sinne von glücklich eingesetzt wurde. Ohne jemals eine Coca-Cola gesehen zu haben und ohne – aus Unternehmenssicht – einen US-Dollar in Werbung investiert zu haben, ist die Marke durch die Wahl phonetisch ähnlich klingender Zeichen mit einer entsprechenden Bedeutung aufgeladen.

Fröhliche, glückliche Assoziationen bereits durch den Markennamen zu wecken ist in China ausgesprochen beliebt. So nennt sich die 1998 in China entstandene Wettbewerbermarke von Coca-Cola »Future Cola« – auf Chinesisch »feichang kele – 非常可乐«, was so viel wie »sehr fröhlich machend« bedeutet. Der US-amerikanische Wettbewerber Pepsi Cola nennt sich in China »baishi kele – 百事可乐«, also »hundert Sachen, die glücklich machen«. Frito Lay's Chips sind einfach »leshi – 乐事«, also »fröhliche Dinge«. LOHAS leben mit den entsprechenden Marken und Produkten in China kein »life of health and sustainability«, sondern ein fröhliches Leben »lehuo – 乐活«. In Taiwan trieb Burger King 2014 die Wortspiele in Verbindung mit Glück auf die Spitze, indem der mit einem pechschwarzen Brot versehene Hamburger »heipibao – 黑皮堡« genannt wurde, was wörtlich »schwarze Kruste/Haut Burger« bedeutet, phonetisch »heipi« aber auch sehr nah an »happy« gelangt – womit wir wieder beim Glück wären.

Wortspielereien dieser Art und überhaupt die direkte Assoziation eines Markennamens mit Glück sind in China sehr beliebt. Die Struktur der chinesischen Sprache und der Einsatz der Schriftzeichen laden dazu ein, mit der Sprache zu spielen und sie kreativ für die Markenbildung einzusetzen. Die Integration von Schriftzeichen mit Glücksbezug geschieht dabei natürlicher als es bei einigen deutschen Produkten, wie beispielsweise dem »Müsliglück«, erscheint.

Doch nicht nur im Branding wird mit »Glück« gearbeitet, wie hier am Beispiel der chinesischen Sprache gezeigt wurde. Eindrucksvolle Beispiele für den Einsatz zentraler Glückselemente in der Werbung sind immer wieder nicht nur in China, sondern zum Beispiel auch in Thailand zu sehen. Achtsamkeit, insbesondere aber Mitgefühl und Dankbarkeit sind immer wieder zentrale Themen in ausgesprochen erfolgreichen Werbefilmen, die für deutsche Verhältnisse überlang sind: In mindestens drei Minuten werden Geschichten von Lebensschicksalen erzählt.

Einer der erfolgreichsten Filme dieser Art mit über 20 Millionen Views auf Youtube stammt von dem thailändischen Mobilfunkunternehmen »TrueMove H«, ist Teil der »Giving is the best communication«-Kampagne und heißt schlicht »Geben«. Er vereint Dankbarkeit, Mitgefühl und die Bedeutung, die ein »Random Act of Kindness« haben kann in einem tränenrührenden dreiminütigen Clip, in dem zu Beginn ein kleiner Junge von einer Ladenbesitzerin beim Diebstahl von drei Packungen Schmerzmitteln, die für seine Mutter sind, erwischt wird. Der Besitzer der Garküche schräg gegenüber sieht die Szene, bezahlt die Schmerzmittel für den Jungen und gibt ihm sogar noch eine Tüte Suppe mit. Was in den restlichen Minuten passiert, stellt die tiefsten Fundamente der Schlüssel zum Glück als einem guten Leben dar. Bei Vorführungen bekommen Zuschauer regelmäßig feuchte Augen – was auch ein Ziel des Werbefilms ist, denn nicht umsonst heißt es unter Marketingexperten in Asien immer wieder: »When tears go down, sales go up.«

Auf einen ähnlichen Effekt setzt die Weihnachtskampagne von Coca-Cola aus dem Jahr 2016 auf den Philippinen. In »The Last Customer« wird das Element der Dankbarkeit für diejenigen, die Weihnachten arbeiten müssen und so selbst keine oder kaum Zeit haben, Weihnachten zu feiern, aufgegriffen und in einem fast fünfminütigen Film dargestellt. So wird beispielsweise eine Servicekraft in einem Shopping Mall, die tagein tagaus Geschenke der Kunden für deren Freunde und Verwandte einpackt, selbst durch einen Kunden mit soeben erworbenen Geschenken beschenkt. Auch dieser Clip trägt zum Markenimage bei und zeigt, wie die Ausübung von Dankbarkeit nicht nur den Empfänger, sondern auch den Sender glücklich macht.

Werbeclips mit einem höheren Sinn, die an Mitgefühl, Achtsamkeit und Dankbarkeit appellieren sind inzwischen auch in Europa populär geworden. Zwar entbehren sie in der Regel der Dramatik der südostasiatischen Filme, sprechen aber dennoch Emotionen an und machen nachdenklich. Ein Beitrag aus Dänemark zeigt, wie wir mit Mitgefühl und ein wenig Achtsamkeit letztendlich erleben können, dass wir Menschen viel mehr gemeinsam haben, als uns trennt und dadurch unsere Gemeinschaft vergrößern können. Die gleiche Richtung schlägt der »Worlds Apart«-Clip von Heineken aus den Niederlanden ein. Hier sehen wir, wie wir, wenn wir offen, neugierig und einigermaßen vorurteilsfrei sowie mit einem gewissen Mitgefühl auf Menschen zugehen, erfahren können, dass wir mit ihnen zurechtkommen können – auch wenn wir später feststellen, dass wir die jeweils individuellen persönlichen Werte des anderen in keiner Weise teilen.

In Deutschland hat der Weihnachtsspot von Edeka im Jahr 2015 für ähnliche emotionale Effekte gesorgt, wie die vorgestellten südostasiatischen Clips. Interessanterweise zielte er auf das Fehlen von Mitgefühl in unserer schnelllebigen, beschäftigten Gesellschaft ab, in welcher der »Opa« der Familie Weihnachten wieder alleine feiern muss, da seine Kinder und deren Familien über die ganze Welt verstreut sind beziehungsweise beschäftigt sind. Nur durch die Vortäuschung seines Todes kann er die letzten Reste Mitgefühl aus seinen engsten Verwandten locken und sie doch dazu bewegen, das wichtigste Familienfest gemeinsam zu begehen. Über 55 Millionen Views auf Youtube aus aller Welt machen diesen Werbespot im Zweifel zum erfolgreichsten Werbespot mit Glückbezug – wohlmöglich inspiriert durch die dramatischen Clips aus Thailand, Philippinen und anderen Ländern der Region.

| | | |
|---|---|---|
| | | |
| Coca-Cola Indien und Pakistan: »Small World Machines« | TrueMove H Thailand: »Giving« | Coca-Cola Philippinen: »The last customer« |
| | | |
| TV 2 Dänemark: »All that we share« | Heineken Niederlande: »Worlds Apart« | Edeka Deutschland: »#heimkommen« Weihnachtsclip 2015 |

**Abb. 10:** QR Codes für Videos zu diesem Kapitel

QR Code Links:

- Coca-Cola »Small World Machines« in Indien und Pakistan : https://www.youtube.com/watch?v=ts_4vOUDImE
- TrueMove H: Giving – https://www.youtube.com/watch?v=7s22HX18wDY
- Coca-Cola Philippinen: »The last customer« – https://www.youtube.com/watch?v=i-oVg_Ga4Ks
- TV 2 Denmark: »All that we share« – https://www.youtube.com/watch?v=jD8tjhVO1Tc
- Heineken Niederlande: »Worlds Apart« – https://www.youtube.com /watch?v=8wYXw4K0A3g
- Edeka Deutschland: »#heimkommen« Weihnachtsclip 2015 – https://www.youtube.com/watch?v=V6-0kYhqoRo

## 3.3 »Happiness at Work« – oder: Wann macht Arbeit glücklich?

### Tagschlafwandler und das Glück bei der Arbeit

»Wenn du eine Stunde lang glücklich sein willst, schlafe.
Wenn du einen Tag glücklich sein willst, geh fischen.
Wenn du ein Jahr lang glücklich sein willst, habe ein Vermögen. Wenn du ein Leben lang glücklich sein willst, liebe deine Arbeit.«

*Chinesisches Sprichwort*

Glück und Arbeit – für die meisten Menschen ist dies leider ein Widerspruch: Sie gehen in die Arbeit, erledigen ihren Job, wobei sie währenddessen daran denken, wie schön es doch irgendwo anders als »in der Arbeit« wäre. Tatsächlich sind weltweit nur rund 13 Prozent aller Beschäftigten während der Arbeit engagiert bei der Sache. 64 Prozent hingegen weisen eine geringe emotionale Bindung zu ihrer Arbeit auf und schlafwandeln gleichsam durch den Tag. Ganze 24 Prozent der Beschäftigten sind derart unglücklich mit ihrer Arbeit, dass sie nicht nur mit schlechter Laue ins Büro gehen, sondern auch die Unternehmenskultur maßgeblich negativ beeinflussen und damit das Engagement von Kolleginnen und Kollegen beeinträchtigen.[132] In Deutschland weisen lediglich knapp 5,5 Millionen Beschäftigte eine hohe emotionale Bindung zum Unternehmen auf (16 Prozent aller

Beschäftigten) und mit 17 Prozent verspüren etwas mehr Beschäftigte keine emotionale Bindung zum Unternehmen. Der Rest (67 Prozent) gehört zu den schon genannten »Tagschlafwandlern«. (Gallup GmbH, 2014)

Gerade vor dem Hintergrund der Glücksdiskussion in diesem Buch sind derartige Zahlen natürlich erschreckend. Alleine in Deutschland kämpfen sich über 28 Millionen Erwerbstätige durch den Tag und erwarten sich lediglich von ihrem Feierabend oder dem nächsten Urlaub das Glück, das wir zum Leben brauchen. Viel zu viele Beschäftigte denken jedoch, dass dieser Zustand in Bezug auf die Arbeit normal sei. Wer Freude bei der Arbeit erlebt oder gar einen tieferen Sinn in seiner Arbeit sieht, der »arbeitet wahrscheinlich nicht richtig«. In Wirklichkeit ist es jedoch genau umgekehrt: Diejenigen Beschäftigten, die Spaß bei der Arbeit haben und die in ihrer Arbeit etwas Besonderes sehen, mit dem sie zu etwas beitragen, das größer ist als sie selbst, arbeiten sogar 12 Prozent produktiver als ihre schlafwandlerischen Kolleginnen und Kollegen.[133] Und dabei sind sie nicht nur produktiver, sondern auch glücklicher.

Entsprechend lohnt es sich für Unternehmen, auf das subjektive Wohlbefinden der Mitarbeiter einzugehen – und tatsächlich setzen sich heute zahlreiche Unternehmen weltweit mit diesem Thema auseinander. Letztendlich zahlt sich Rücksicht auf das Glück der Mitarbeiter aus und ist auch finanziell messbar: reduziert beispielsweise ein Unternehmen mit 30 000 Mitarbeitern den Anteil derjenigen Mitarbeiter ohne jegliche emotionale Bindung an das Unternehmen um fünf Prozentpunkte und schafft es gleichzeitig, den Anteil seiner Mitarbeiter mit hoher emotionaler Bindung um fünf Prozentpunkte zu erhöhen, so spart es im Schnitt 6,3 Millionen Euro an Fluktuationskosten.[134] Die Gesamtkosten, die durch den großen Anteil nicht sonderlich engagierter Mitarbeiter entstehen und aus beispielsweise geringerer Produktivität, Fehltagen und eben Fluktuationskosten bestehen, belaufen sich nach Gallup-Schätzungen allein in den USA auf jährlich 450-550 Milliarden US-Dollar. In Deutschland liegen diese Kosten immerhin bei geschätzten 125 Milliarden Euro. So mancher Zweifler an der Glücksthematik in Unternehmen lässt sich angesichts derartiger Zahlen doch noch darauf ein, sich mit der Bedeutung des Themas für sein Unternehmen näher auseinanderzusetzen. Immerhin gibt es heute reichlich Literatur, Studien, Konferenzen und Beratungsunternehmen, die sich genau auf die beschriebenen Zusammenhänge spezialisiert haben. Die größten Impulse hierzu kommen (mal wieder) aus der Bay Area rund um San Francisco. Auf einige Beispiele werden wir auf den kommenden Seiten etwas ausführlicher eingehen.

## Arbeitsglück und Arbeitszufriedenheit

»Es ist besser, ein einziges kleines Licht anzuzünden,
als die Dunkelheit zu verfluchen.«
*Konfuzius*

Bevor wir uns genauer mit dem Glück bei der täglichen Arbeit beschäftigen, sollten wir kurz darauf eingehen, was genau wir eigentlich mit »Glück« im Zusammenhang mit der Arbeit meinen. Zwei Begriffe tauchen hierzu immer wieder auf und werden häufig synonym verwendet oder gar miteinander verwechselt: Arbeitsglück und Arbeitszufriedenheit. Zumeist untersuchen Unternehmen die Mitarbeiterzufriedenheit und übersehen, dass es wichtige Unterschiede zwischen beiden Begriffen gibt.

Um die Arbeitszufriedenheit anzukurbeln spendieren Unternehmen gerne mal einen Kicker im Büro, stellen eine neue Kaffeemaschine in die Küche, bieten Massagen an oder laden zu einem Team Event ein. Vielleicht gibt es auch einen Bonus oder ein kleines Geschenk vom Chef. Und all das obwohl Studienergebnisse darauf hinweisen, dass Arbeitszufriedenheit relativ schwach mit der Produktivität eines Arbeitnehmers korreliert. Denn letztendlich kann ein Mitarbeiter trotz eines Kickers, Bonus und Kaffees zwar zufriedener mit seiner Arbeit, aber insgesamt immer noch unglücklich sein. Arbeitszufriedenheit beantwortet die Frage nach dem »Was denken Sie über Ihre Arbeit?«. Vielleicht haben Sie all die genannten Vorzüge und sogar noch mehr. Unternehmen wie Google sind bekannt dafür, dass sie ihren Mitarbeitern von kostenlosem Mittagessen von Sterneköchen über Fitnessstudios und Friseure bis zu Tennisplätzen alles möglich an ihrem Arbeitsplatz bieten. Um all diese »Perks« kümmert sich das Unternehmen manchmal in Form von »Feel Good Managern« oder sogar »Chief Happiness Officers« (CHO). Wie können Mitarbeiter trotz der Aufmerksamkeiten, die ihnen zuteilwerden, dann dennoch unglücklich sein?

Die entscheidende Frage nach dem Glück bei der Arbeit lautet: »Wie fühlen Sie sich bei der Arbeit?« Fühlen Sie sich wohl? Sind Ihre Kolleginnen und Kollegen, Ihre Chefs und Mitarbeiterinnen Menschen, mit denen Sie gerne Tage, Wochen, Monate und Jahre Ihres Lebens verbringen? Lernen Sie im Job und haben Sie Möglichkeiten, persönlich zu wachsen? Wie sieht es mit Freiheiten aus, die Sie in Ihrer Arbeit haben? Wie passt das, woran Sie arbeiten zu Ihnen persönlich, zu Ihren Werten, Leidenschaften und Stärken? Haben Sie das Gefühl, ihre Arbeitszeit sinnvoll zu verbringen? Für die Beantwortung all dieser Fragen spielen ein Kicker, Massagen am Arbeitsplatz und nicht einmal Boni eine Rolle. Tatsächlich muss das Unternehmen insgesamt mit seinen Werten, seiner Kultur und seinen Mitarbeitern zu Ihnen passen – und Sie zu ihm. Damit fängt das Glück in der Arbeit schon bei der Wahl des Unternehmens an, in dem man arbeiten möchte. Beispielsweise legen viele Outdoor-Firmen wie Patagonia, R.E.I. in den USA oder Vaude in Deutschland besonderen Wert darauf, Outdoor-Enthusiasten anzustellen, die die Passion und die Werte des Unternehmens unbedingt teilen. Auch in diesen Unternehmen wird Wert auf die Mitarbeiterzufriedenheit gelegt, jedoch allein durch die Auswahl der Beschäftigten viel mehr auf das Glück der Mitarbeiter während der Arbeit. Yvon Chouinard, der Gründer von Patagonia, wird in diesem Zusammenhang gerne mit folgenden Worten zitiert: »The secret to happiness is to be working at your passion. If you want to be miserable, lead a desperate life like everybody else where they drag their asses to work everyday because they hate their job.«[135] Auch wenn er sich in recht deutlicher Sprache ausdrückt – was genau meint er damit?

## Das Beispiel Zappos

Das wahrscheinlich wichtigste und bekannteste Unternehmen, welches seit Beginn des neuen Jahrtausends explizit das Thema Glück in den Mittelpunkt jeglichen unternehmerischen Handelns stellt, ist Zappos. Millionen Amerikaner bestellen ihre Schuhe und Kleidungsstücke auf der Website Zappos.com. Das Unternehmen wurde 1999 von Nick Swinmurn in San Francisco gegründet. Zu dieser Zeit gab es keinen Onlinehändler für Schuhe, und es war darüber hinaus keineswegs klar, ob Kunden überhaupt Schuhe im Internet kaufen würden – auch wenn der Schuhhandel über Kataloge bereits ein Milliardengeschäft gewesen war. Der Fokus von Zappos sollte ursprünglich darauf liegen, die größte Auswahl an Marken, Styles, Farben, Größen und Weiten anzubieten. Auch heute liegt darin natürlich ein Kernziel des Unternehmens. Nachdem bereits im Jahr 2000 Tony Hsieh nicht nur als Investor, sondern auch als Co-CEO in die Firma eingestiegen war, rückte jedoch sehr schnell die fast schon radikale Kundenorientierung auf der Basis einer besonderen Unternehmenskultur in das Zentrum jeglicher Aktivität im Unternehmen.

Der Aufbau des Unternehmens mit seiner besonderen Unternehmensphilosophie beschreibt Hsieh in seinem inspirierenden Bestseller »Delivering Happiness«[136]. Der Titel sagt bereits, worum es Tony Hsieh und seinen Mitarbeitern von Anfang an ging: die Kunden glücklich zu machen. Koste es (fast), was es wolle. So wurde bereits in einem sehr frühen Stadium damit geworben, dass sowohl für den Versand wie auch die Rücksendungen kein Porto erhoben wird. Noch dazu hat der Kunde 365 Tage Zeit, Ware zurückzuschicken – und solange sie nicht getragen wurde, den bezahlten Betrag zurückerstattet zu bekommen. Doch es blieb nicht bei den auf der Website genannten Annehmlichkeiten. Immer wieder wurden Sendungen kostenlos (und unangekündigt) als Expressversand verschickt. Es wurden kleine »Goodies« beigelegt, und es gibt unendlich viele weitere Geschichten, in denen Zappos Kunden positiv überrascht hat. Das Ziel war und ist immer, dass Kunden nicht nur wiederkommen, sondern auch über ihre positiven Erlebnisse mit dem Unternehmen sprechen – online oder direkt mit Freunden und der Familie. Tatsächlich schafft es Zappos immer wieder, Kunden glücklich zu machen, selbst wenn irgendetwas bei der Bestellung oder dem Versand schiefgelaufen ist. Mitarbeiter des »Customer Loyalty Teams« (so wird das Call Center Team bei Zappos genannt) haben (fast) alle Freiheiten, Kunden für Ihren Ärger, der im Zusammenhang mit einer Zappos-Bestellung entstanden sein könnte, zu kompensieren. Ein Rabatt bei der nächsten Bestellung ist dabei schon fast eine einfallslose Art der Kompensation – so kann es auch vorkommen, dass ein Blumenstrauß verschickt wird oder man kann sich sogar vorstellen, dass sogar Kosten für eine Flugumbuchung übernommen werden, da eine Kundin dringend auf ihr Zappos Paket gewartet hatte, welches aber nicht rechtzeitig vor dem Abflug zur Hochzeit der Schwester ankam. Ähnliche Fälle sind bekannt. Anstatt Geld in klassisches Marketing zu stecken, wurde und wird das Geld anstatt dessen also vorzugsweise und immer wieder in positive Kundenbeziehungen gesteckt.

**Abb. 11:** Zappos CEO Tony Hsieh (Quelle: zapposinsights.com)[137]

Glückliche Kunden kann es jedoch nur geben, wenn auch die Mitarbeiter im Unternehmen glücklich sind. Diese Sichtweise und Erkenntnis bildet das tragende Fundament von Zappos. Die Unternehmenskultur wird dabei wesentlich durch die zehn Kernwerte geprägt, die immer wieder gerne als Beispiele für die Basis einer »glücklichen Unternehmenskultur« zitiert werden Im englischen Original lauten sie: [138]

1. Deliver WOW Through Service
2. Embrace and Drive Change
3. Create Fun and A Little Weirdness
4. Be Adventurous, Creative, and Open-Minded
5. Pursue Growth and Learning

6. Build Open and Honest Relationships With Communication
7. Build a Positive Team and Family Spirit
8. Do More With Less
9. Be Passionate and Determined
10. Be Humble

»WOW-Erlebnis«, ein wenig Verrücktheit, ständige Veränderungen – nicht nur für diese Begriffe sind die zehn Kernwerte von Zappos bekannt geworden. Allerdings sind Unternehmenswerte nichts wert, wenn sie nicht gelebt werden, und so gilt der Pflege der Unternehmenskultur bei Zappos die höchste Priorität. Am sichtbarsten werden die Werte am Arbeitsplatz ausgelebt. Wahrscheinlich gibt es nicht viele Büros auf der Welt, in denen die Mitarbeiter ihre Arbeitsplätze bunter und kreativer gestalten (und ihren Weihnachtsbaum das ganze Jahr über stehen lassen). Hunde dürfen dank einer eigenen »paw-licy« an den Arbeitsplatz mitgebracht werden. Jeder Mitarbeiter darf so sein, wie er ist und Unterschiede sowie Besonderheiten werden geschätzt. Mitarbeiter betrachten Zappos als ihr Zuhause, die Kollegen als Familie und die Arbeit nach dem Motto »Lebe. Liebe. Lachen.«. All dies und noch viel mehr kann dem »Zappos Culture Book« entnommen werden, in dem jährlich kurze Kommentare aller Mitarbeiter zur Unternehmenskultur und Arbeit bei Zappos zusammengefasst werden. Die Begriffe »Love«, »Wow« und »Happiness« scheinen darin besonders häufig vorzukommen. Dieses »Culture Book« ist übrigens auch für die Öffentlichkeit erhältlich und zeigt so auf sehr transparente Weise, was zum Glück der Zappos-Mitarbeiter beiträgt.[139]

Eine wichtige Rolle im Unternehmen spielt das schon erwähnte »Customer Loyalty Team«, in dem gemäß Zappos eben nicht »Call Center Mitarbeiter« sitzen, sondern Mitarbeiter, deren Aufgabe es ist, so gut wie möglich eine »PEC – Personal Emotional Connection« mit dem Anrufer herzustellen. Diese persönliche emotionale Verbindung kann beispielsweise darin bestehen, das Gespräch erst einmal auf ein ganz anderes Thema als den Anlass des Anrufes zu lenken. Anstatt sich gleich nach dem Anlass des Anrufs zu erkundigen, könnte das Gespräch ungefähr so beginnen: »Von wo rufen Sie an? […] Ach, da war ich erst letztes Jahr zum Mountainbike fahren. Fahren Sie auch Mountainbike? […] Haben Sie vielleicht einen Tipp für mich, wo es besonders schön ist? […] Waren Sie auch schon einmal da und dort?

Die Strecke dort ist relativ neu und es ist kaum jemand unterwegs. Ich bin da im Herbst. Vielleicht sehen wir uns sogar dort. [...] Okay, und was für ein Problem gab es nun mit der Bezahlung?« und so weiter ... Customer-Loyalty-Team-Mitglieder haben keine Zeitvorgaben bezüglich der Dauer von Telefonaten oder gar Vorgaben, wie viele Telefonate sie pro Tag abzuarbeiten haben. Zappos rühmt sich damit, dass das längste Telefonat mit einem Customer Loyalty-Team Mitglied 10 Stunden und 43 Minuten dauerte: Der Zappos-Mitarbeiter Steven Weinstein hält diesen Rekord, bei dem er Essen und Wasser von Mitarbeitern bekam und nur einmal kurz das Gespräch unterbrechen musste, während er ansonsten die ganze Zeit mit einer Kundin sprach. Das Erreichen eines ähnlichen Effekts, den ein Bericht über diesen Rekord auslöst, durch »klassische« Marketingmaßnahmen würde ein »normales« Marketingbudget im Zweifel sprengen.

Jeder neue Angestellte muss, egal in welcher Position er dann arbeiten wird, zu Beginn seiner Tätigkeit zumindest zwei Wochen im Customer-Loyalty-Team arbeiten. Wer meint, dies nicht machen zu müssen, wird nicht eingestellt. Überhaupt achtet Zappos während des Einstellungsverfahrens besonders darauf, dass die Kandidatin beziehungsweise der Kandidat zur Unternehmenskultur passt. Wichtige Bereiche ergeben sich hier aus den genannten zehn Kernwerten. So werden besondere Fragen unter anderen zu den Themen Demut, Humor, Verrücktheit oder auch Glück im Sinne von Schicksal gestellt. Wer von sich meint, Glück im Leben zu haben, bei dem wird davon ausgegangen, dass er auch kompliziertere Dinge aus Eigeninitiative anpackt. Wer jedoch meint, er hätte ständig Pech im Leben, dessen Chancen auf eine Anstellung stehen naturgemäß nicht sonderlich gut – man hat ja ungern einen ständigen Pechteufel im Team. Immer wieder werden Angestellte, die einem Kandidaten während des Einstellungsverfahrens begegnet sind, befragt, wie sich der Kandidat ihnen gegenüber verhalten hat. Falls bereits hier erkennbar ist, dass die Person nicht zur Unternehmenskultur passt, erhält auch sie auch kein Angebot – selbst wenn die formalen Qualifikationen herausragend wären. Darüber hinaus bietet Zappos jedem neuen Angestellten während der initialen Schulungsphase an, 4000 US-Dollar zu erhalten, wenn er die Firma wieder verlässt. Damit soll sichergestellt werden, dass wirklich nur diejenigen auch nach den Schulungen bleiben, die für die Zappos-Werte stehen und denen diese wiederum mehr Wert sind als zumindest 4 000 US-Dollar. Diese strickte Vorgehensweise bei den Einstellungen garantiert die besondere Unternehmenskultur, über die die Zappos Mitarbeiter im »Culture Book« berichten, und die dazu führt, dass Zappos bekannt ist für glückliche Mitarbeiter und glückliche (und damit wiederkehrende und ausgesprochen loyale) Kunden.

Das Interesse von Managern aus aller Welt an der Ausgestaltung und Wirkungsweise der Unternehmenskultur bei Zappos ist groß. Jeden Monat besuchen 1 500 Interessierte aus aller Welt die Zentrale in Las Vegas und werden von Mitarbeitern durch die Räume geführt. Mehrmals im Jahr werden auch andere Möglichkeiten zum Kennenlernen der Zappos-Kultur organisiert. Beispielsweise wird auch eine »School of Wow« als Kundenservicetraining angeboten. Letztendlich verkauft Zappos heute also nicht nur Schuhe und Kleidung, sondern gilt auch als eine der wichtigsten Inspirationen für den Aufbau einer Unternehmenskultur, in der nicht nur Mitarbeiter glücklich sind, sondern dadurch auch die Kunden zuverlässig glücklicher gemacht werden. Mit den richtigen Mitarbeitern werden auf diese Weise Werte gelebt – und nicht zuletzt auch finanzielle Erfolge erzielt. Nicht umsonst sind all dies Gründe dafür, warum Amazon im Jahr 2009 Zappos für 940 Millionen US-Dollar übernommen hatte.

## Vom Job zur Berufung

»Menschen mit einer neuen Idee gelten so lange als Spinner,
bis sich die Sache durchgesetzt hat.«

*Mark Twain*

Vielleicht kennen Sie das Gleichnis von den drei Steinmetzen, die auf die Frage, was sie gerade machen sehr unterschiedlich antworten. Der erste Steinmetz sagt: »Ich behaue Steine und verdiene damit meinen Lebensunterhalt. Von irgendetwas muss man ja leben.« Der zweite Steinmetz antwortet: »Ich bin Steinmetz und meine Arbeit ist besser als diejenige aller anderen Steinmetze in weitem Umkreis.« Der dritte Steinmetz antwortet auf die gleiche Frage: »Ich baue eine Kathedrale.«

Einige von uns werden sich, egal, in welchem Bereich sie arbeiten, am ehesten mit dem ersten Steinmetz identifizieren können: Die Arbeit dient primär dazu, Geld zu verdienen, um sich das Leben außerhalb der Arbeit leisten zu können. Würde dieser Steinmetz im Lotto gewinnen oder eine größere Summe erben, würde er seinen Job an den Nagel hängen und sich vielleicht endlich seiner Leidenschaft widmen. Das Steine Klopfen ist für ihn ein notwendiges Übel. Er wünscht sich eigentlich den ganzen Tag, dass die Zeit schneller vergehen würde und bald Feierabend oder – noch besser – Wochenende oder sogar Urlaub sei. Und den Ruhestand kann er kaum erwarten. Seinen Job würde er nur seinen größten Feinden empfehlen und hätte er die Möglichkeit, sein Leben noch einmal zu beginnen, würde er darauf achten, einen anderen Pfad einzuschlagen, der ihn nicht zum Steinmetz werden lässt. Die tägliche Arbeit ist ein Job und sonst nichts. Zu seinem subjektiven Wohlbefinden trägt er nur selten und höchst individuell bei.

Andere von uns erkennen sich eher im zweiten Steinmetz wieder: Im Grunde macht ihm die Arbeit Spaß, auch wenn er sie vielleicht nicht ewig ausüben möchte. Stattdessen möchte er lieber eines Tages »aufsteigen« und vielleicht einen Steinmetzbetrieb mit vielen Angestellten führen sowie mehr in die Bauprojektplanung involviert sein. Diese Vorstellung haben aber auch weitere Steinmetze, sodass er sich besonders anstrengt und umso mehr und besser arbeitet. Für ihn ist es insbesondere wichtig, Anerkennung vom Chef zu erfahren und vielleicht die eine oder andere Auszeichnung zu erhalten, sodass er sich letztendlich gegen seine Mitbewerber für die Chefposition durchsetzen kann. Dieser Steinmetz sieht vor allem in den Karrieremöglichkeiten den Sinn seiner Arbeit. Für ihn ist die Arbeit nicht nur ein Job zum Geld verdienen: Er will Karriere machen.

Auch mit dem dritten Steinmetz kann sich der eine oder andere von uns identifizieren. Er behaut zwar »nur« Steine, aber er sieht das Steinebehauen als seinen persönlichen Beitrag, um etwas viel Größeres zu erschaffen: eine Kathedrale. Für ihn sind die Arbeit und sein Beitrag zur Errichtung der Kathedrale das Wichtigste in seinem Leben. Er ist mit Leib und Seele Steinmetz und ist stolz darauf, dass von ihm behauene Steine in so etwas Phantastischem wie einer Kathedrale verbaut werden. Gegenüber Freunden und beim Abendessen zu Hause spricht er gerne über seine Arbeit. Er würde die Arbeit auch seinen Freunden und Kindern empfehlen. Sein Chef (und seine Familie) müssen ihn immer wieder daran erinnern, doch mal Urlaub zu nehmen. Und es wäre für ihn ein furchtbarer Schicksalsschlag, wenn er seine Arbeit nicht mehr ausüben könnte – vor dem Ruhestand graut es ihm. Dieser Steinmetz macht nicht nur einfach seinen Job, die Karriereleiter steht für ihn auch nicht im Vordergrund seines Arbeitseinsatzes, sondern dieser Steinmetz geht seiner Berufung nach. Tatsächlich kann er sich gar nicht vorstellen, etwas anderes im Leben zu machen. Er ist glücklich mit seiner Aufgabe. Das dabei entstehende Glück der Fülle ist tiefergehend und länger anhaltend als das Wohlfühlglück, nachdem die ersten beiden Steinmetze vordergründigerweise streben.

»Job, Karriere, Berufung« – tatsächlich kann ein und dieselbe Arbeit durch den, der sie ausübt, sehr unterschiedlich betrachtet werden (Abbildung 12).[140] Dabei kommt es gar nicht auf die Aufgabe an sich an. Wir wissen von Putzkräften, die in ihrer Arbeit eine Erfüllung sehen, indem sie die Umgebung für andere reinigen, sodass sich die Menschen wohlfühlen. Wir wissen von glücklichen ehemaligen Topmanagern, die nach einigen Jahren in einer leitenden Position kündigen und einen kleinen Laden eröffnen oder ein Café, in dem sie die Gäste bedienen und ihnen so zu einigen schönen Stunden verhelfen. Wir wissen von Empfangsmitarbeitern, die weitaus glücklicher sind als der Chef des Unternehmens – obwohl dieser an der Spitze der Karriereleiter steht.

| | Motivation | Arbeit gesehen als | Erwartungen | Sich freuen auf |
|---|---|---|---|---|
| Job | Gehaltsüberweisung | lästige Pflicht, Notwendigkeit | Gehaltsüberweisung | Freitag, Urlaub |
| Karriere | Geld, Beförderung | Wettbewerb | Prestige, Macht | die nächste Beförderung |
| Berufung | Freude, Erfüllung | Leidenschaft, Privileg | Befriedigung, Beitrag | mehr Arbeit |

**Abb. 12:** »Job, Career, Calling«

Zu einem gewissen Grad ist es dem individuellen Arbeitnehmer immer wieder möglich, seine Arbeit so zu gestalten, dass sie nicht nur als Job gesehen wird, sondern auch erfüllend ist. Amy Wrzesniewski spricht hier von »Job Crafting«, also der Gestaltung und Interpretation der Aufgabe durch den Beschäftigten über die eigentliche Aufgabenbeschreibung hinaus.[141] So lassen sich beispielsweise die Grenzen der

Aufgabenstellung manchmal auf sinnvolle Weise verändern: Wrzesniewski beschreibt, wie Putzkräfte im Krankenhaus nicht nur reinigen, sondern auch die Bilder in den Krankenzimmern umhängen oder zwischen Krankenzimmern tauschen, sodass Patienten nicht immer auf die gleichen Bilder schauen müssen (in manchen Unternehmen fallen entsprechende Aktivitäten auch im positiven Sinne unter »mitdenken«). Die Wichtigkeit der Arbeit der Reinigungskräfte ist ohnehin unbestritten: Ohne sorgfältiges Arbeiten kann kein Krankenhausbetrieb aufrechterhalten werden. Nicht nur die Grenzen der Aufgabenstellung lassen sich verschieben, sondern auch die Grenzen der Beziehungen zwischen Mitarbeitern selbst und auch Kunden, Patienten und so weiter. Viel zu oft werden »Glückschancen« verpasst, da beispielsweise Kollegen nicht wirklich miteinander reden oder füreinander mitdenken. Mögliche Anstöße für Aktionen und Projekte, die daraus entstehen können, werden so erst gar nicht sichtbar.

Vor dem Hintergrund des Strebens nach Glück in der Arbeit geht es auch um Authentizität. Welche Arbeit zu einem passt und in welcher Form sie betrachtet wird, ist natürlich von Mensch zu Mensch unterschiedlich. Im selben Unternehmen kann dieselbe Aufgabe daher von unterschiedlichen Mitarbeitern völlig unterschiedlich wahrgenommen werden. Bestimmte Aufgaben (und Unternehmen) passen nicht zu jedem Mitarbeiter. Wer als Pazifist in einer Waffenschmiede arbeitet, wird dort niemals glücklich werden.

Tendenziell neigen jüngere Mitarbeiter dazu, ihre Arbeit als einen Teil ihrer Karriere zu sehen, um im Unternehmen voranzukommen. Zunehmend spielt jedoch unter den »Millennials« auch der Aspekt der Berufung bei der Jobwahl eine wichtige Rolle. Geld verdienen alleine reicht nicht, der Beruf muss auch eine Berufung sein. Idealerweise trägt man auch noch dazu bei, die Welt zum Positiven zu verändern. Viele Unternehmen wissen um diesen Aspekt, und da sich aus dem Produkt, welches sie herstellen, nicht unmittelbar ein »Higher Purpose« ableiten lässt, betreiben sie etwas, das man hier auch »Purpose Crafting« nennen könnte.

Zentrale Fragen, die sich Unternehmen in diesem Zusammenhang stellen, sollten sein:

- Warum gibt es uns überhaupt?
- Warum muss es *uns* geben?

- Was ist der Beitrag, den wir in unserem Ökosystem leisten wollen?
- Inwiefern geht es der Welt besser, weil es uns gibt?

Ein reines Erarbeiten der Antworten auf die Fragen mit der darauffolgenden Gestaltung einer entsprechenden Unternehmensbroschüre reicht jedoch nicht aus, um Mitarbeitern das tiefe Gefühl zu geben, mit ihrer Arbeit einen sinnvollen Beitrag für die Entwicklung der Weltgemeinschaft im Kleinen oder auch im Großen zu leisten. Unternehmen richten daher verstärkt Projekte ein, in denen sich Mitarbeiter während der Arbeitszeit zum Wohle der Gesellschaft engagieren können. Häufig stehen diese Projekte wiederum im Zusammenhang mit der Kernfunktion des Unternehmens. Beispielsweise arbeiten IBM-Mitarbeiter im Rahmen des »IBM Corporate Service Corps« (CSC) immer wieder an Entwicklungsprojekten in verschiedenen Ländern und verschiedenen Sektoren, wobei in der Regel ein Bezug zu den Dienstleistungen von IBM besteht. So ist das Unternehmen beispielsweise im Bildungsbereich im ländlichen Ghana unterstützend aktiv. Gemäß einer internen Befragung fühlen sich fast 90 Prozent der Teilnehmerinnen und Teilnehmer des CSC-Programms anschließend sehr zufrieden mit IBM als Arbeitgeber. Andere Unternehmen richten Stiftungen ein, über die sich auch Mitarbeiter bei Hilfsprojekten engagieren können. Wie auch immer und zu welchem Zweck auch immer derartige Initiativen gestaltet werden, sie dienen nicht nur dazu, das Bild des Unternehmens als »Corporate Citizen« und damit bewusst wahrgenommenen Teil der Gesellschaft zu stärken, sondern auch das Glücksgefühl der Mitarbeiter selbst zu steigern, indem die Sinnhaftigkeit des Unternehmens und der Arbeit im Unternehmen (zumindest für einige Zeit) in den Vordergrund gestellt wird – wenn diese schon nicht in der täglichen Arbeit im Vordergrund steht.

Jedoch können diese Glückseffekte nicht immer und nicht laufend generiert werden. Daher stellt sich die Frage, was ein Unternehmen bieten muss, sodass sich die Menschen im Unternehmen wohlfühlen und gerne montags in die Arbeit gehen. Auch hierzu gibt es in der Forschung und insbesondere der Glücksforschung aus den vergangenen Jahren eine Reihe von Erkenntnissen.

## Maßnahmen in Unternehmen, das Glücksempfinden der Mitarbeiter zu beeinflussen

»Die Welt besteht aus denen, die etwas in Gang setzen,
denen, die zusehen, wie etwas geschieht,
und denen, die fragen, was geschehen ist.«

*Norman R. Augustine*

Ob wir gerne zur Arbeit gehen und dann den Tag produktiv verbringen oder ob wir tagsüber tagschlafwandeln, wird durch zahlreiche Faktoren beeinflusst, die unseren Arbeitsalltag bestimmen und häufig an der Schnittstelle zwischen Zufriedenheit und Glück liegen. Wir wissen, dass das Gehalt in dieser Betrachtung natürlich eine Rolle spielt, auch die »Work-Life-Balance« ist heute in jedem Unternehmen ein Thema. Viele Mitarbeiter bekannter Unternehmen sind stolz, dass sie bei einer bekannten Marke arbeiten und auch dies kann positiv zum Glücksgefühl bei der Arbeit beitragen. Im Allgemeinen lassen sich derartige Faktoren in vier Kategorien einteilen: die Arbeitsinhalte und diesbezügliche Möglichkeiten, das Arbeitsumfeld, das Unternehmensimage und das Entlohnungspaket. Die wichtigsten Einflussfaktoren im Rahmen dieser Kategorien sind in Abb. 13 gesammelt und basieren auf einer weltweiten Umfrage unter mehr als 200 000 Angestellten.[142]

| | Faktor | Zuordnung |
|---|---|---|
| 1 | Anerkennung der Arbeitsleistung | Arbeitsinhalte und Möglichkeiten |
| 2 | Gute Beziehungen zu Kollegen | Arbeitsumfeld |
| 3 | Gute Work-Life-Balance | Arbeitsumfeld |
| 4 | Gute Beziehung zu Vorgesetzten | Arbeitsumfeld |
| 5 | Finanzielle Stabilität des Unternehmens | Unternehmensimage |
| 6 | Lernen und Karrieremöglichkeiten | Arbeitsinhalte und Möglichkeiten |
| 7 | Job Sicherheit | Arbeitsumfeld |
| 8 | Attraktives Fixgehalt | Entlohnungspaket |
| 9 | Interessante Arbeitsinhalte | Arbeitsinhalte und Möglichkeiten |
| 10 | Unternehmenswerte | Unternehmensimage |

**Abb. 13:** Top 10 der Faktoren zur positiven Beeinflussung des Glücksempfindens von Mitarbeitern (Strack, von der Linden, Booker, & Strohmayr, 2014)

Demnach ist der wichtigste Einflussfaktor auf das Glück in der Arbeit die Anerkennung der geleisteten Arbeit. Dies wird übrigens auch in einer weiteren, rein auf Deutschland bezogenen Studie unter der Generation Y bestätigt.[143] Die weiteren wichtigsten Einflussfaktoren stammen alle aus dem Bereich »Arbeitsumfeld«: gute Beziehungen zu Kolleginnen und Kollegen sowie zum Vorgesetzten sowie zufriedenstellende Regelungen zur Arbeitszeit und die daraus resultierenden Work-Life-Balance. Wichtiger als das eigene Gehalt sind die finanzielle Stabilität des Unternehmens und die damit verbundene Jobsicherheit. Nur wenn das Unternehmen einen entsprechenden Schutz bieten kann, entsteht eine entsprechend positive Arbeitsatmosphäre. Die eigene Entlohnung ist zwar noch Teil der Top 10, jedoch spielt sie im Vergleich zu zwischenmenschlichen Faktoren eine verhältnismäßig kleinere Rolle.

Die Ergebnisse aus der Studie zur Generation Y in Deutschland unterscheiden sich in einigen wichtigen Teilen: So spielt der Sinn der Arbeit eine außerordentlich große Rolle. Ein typisches Charakteristikum für die Generation Y und auch für ihre Nachfolgegeneration ist es, tendenziell weniger auf die Höhe des Gehalts als vielmehr darauf zu achten, ob mit der eigenen Tätigkeit ein Beitrag zur Gemeinschaft erzielt werden kann. Die Generation wuchs im vollen Bewusstsein tiefgreifender sozialer Veränderungen und einem deutlichen Bekenntnis zum Umweltschutz auf. Sie fordert nun von Arbeitgebern ein, im Rahmen der Arbeit selbst auch in diesen Bereichen positive Beiträge leisten zu können – und nicht lediglich am Schreitisch zu sitzen und Teilaufgaben abzuarbeiten, nur damit die Quartalszahlen (noch) besser sein werden, als diejenigen des vergangenen Quartals.

Der Gründer und CEO des Reiseveranstalters G Adventures, Bruce Poon Tip, postuliert vor diesem Hintergrund in seinem Buch einen »Quintuple Bottom-Line«-Ansatz (siehe 4).[144] Eines der Unternehmensziele ist es, »nachhaltiges Glück« zu schaffen. Dies betrifft nicht nur das Unternehmen und seine Mitarbeiter selbst, sondern auch die Gemeinschaften, in den Zielregionen der Reisenden. Demzufolge reicht es nicht als Unternehmen, das Gewicht ausschließlichen auf den Gewinn zu legen. Es reicht auch nicht, Gesellschaft und Umwelt, und damit die klassischen Elemente der »Corporate Social Responsibility« (CSR), in unternehmerisches Denken und Handeln mit einzubeziehen. Nur durch Leidenschaft (»Passion«) und einen höheren Sinn

(»Purpose«) können entsprechende Veränderungen und ein nachhaltiges Glück geschaffen werden.

| | | |
|---|---|---|
| **PROFIT** | | *»Simple Bottom Line«* |
| **+ PEOPLE** | **+ PLANET** | *»Triple Bottom Line«* |
| **+ PASSION** | **+ PURPOSE** | *»Quintuple Bottom Line«* |

**Abb. 14:** »Quintuple Bottom Line« und nachhaltiges Glück (nach Poon Tip, 2013)

Die größten Effekte in dieser Hinsicht können erzielt werden, wenn bereits bei der Jobwahl beziehungsweise der Auswahl der Bewerber verstärkt nach Kriterien ausgewählt wird, die insbesondere mit der Leidenschaft für die Arbeit in Zusammenhang stehen. Einige Unternehmen gehen hier bereits recht strikt vor: Bei BMW Motorrad arbeiten vornehmlich Motorradfahrer, bei Patagonia nur Menschen, die leidenschaftlich gerne Zeit in der Natur verbringen, und in diversen Social-Media-Unternehmen arbeiten Menschen, die Social Media nicht nur einfach nutzen, sondern leben.

Wer ohne »Job Crafting«, »Quintuple-Bottom-Line« oder Listen mit Einflussfaktoren auf das Glück bei der Arbeit einem Beruf nachgehen möchte, der einen glücklich macht, dem könnte übrigens eine Studie der University of Chicago helfen: Demnach sind Geistliche, Feuerwehrmänner und -Frauen, Künstler aller Art und auch Lehrer die beruflich glücklichsten Menschen. Alle diese Berufe tragen dazu bei, das eigene Leben als ein sinnvolles Leben zu betrachten: In allen Berufen helfen Menschen anderen Menschen oder es wird etwas zur Freude der Betrachter und Leser erschaffen. Menschen, die viel mit und für andere Menschen arbeiten, sind in der Regel glücklicher im Beruf.

Nicht in jedem Beruf hat man die Gelegenheit immer und viel mit Menschen zu tun zu haben. Glücklicherweise gibt es weitere Faktoren, die insbesondere den Arbeitsalltag betreffen und zum Wohlbefinden des Mitarbeiters beitragen können.

## Der glückliche Arbeitsplatz

»Ich bin genauso stolz auf das, was wir nicht tun,
wie auf das, was wir tun.«
*Steve Jobs*

Im Rahmen verschiedener Studien wurde untersucht, wie eine Aufgaben- und Arbeitsplatzgestaltung aussehen muss, sodass wir glücklicher durch den Tag hindurcharbeiten. Wir wollen auf einige Elemente eingehen, wobei es sich nur um die wichtigsten handelt und keinesfalls ein Anspruch auf Vollständigkeit erhoben wird.

Ein zentrales Element – zumindest in unserem Kulturkreis – ist die Freiheit, die wir bei der Arbeit haben. Dies betrifft vor allem die Freiheit der Bearbeitung einer Aufgabe. Wir bevorzugen es in der Regel, nicht von unseren Vorgesetzten Anforderungen im kleinsten Detail geschildert zu bekommen, sondern wir erledigen die Aufgaben gerne so, wie es am besten zu uns passt und wie wir denken, dass es am sinnvollsten ist. Im einfachsten Fall wollen wir nicht hören, was genau wie auf jede Seite einer Präsentation gehört, die wir vorbereiten sollen, sondern wir wollen hören, was das Ziel der Präsentation ist und welche Kernelemente vorkommen sollen – für den Rest wollen wir uns gerne selbst einbringen. Möglicherweise machen wir dann Fehler, aber auch dies muss in einem Unternehmen, das Wert auf das Glück der Mitarbeiter legt, möglich sein. Hierzu ist eine Kultur des Vertrauens im Unternehmen essentiell. Letztendlich ist die Freiheit der Aufgabenbearbeitung eine wesentliche Säule für das Glück der Mitarbeiter.

Eine weitere Säule steht für das, was Bruce Poon Tip »Connectedness« nennt. Dieses Verbundensein bezieht sich einerseits auf das Produkt oder den Service, den ein Unternehmen anbietet, andererseits aber auch auf die Kolleginnen und Kollegen, die in dem Unternehmen arbeiten. Hier spielen Werte eine entscheidende Rolle. Wer daran arbeitet, beispielsweise ein Produkt auf den Markt zu bringen, durch dessen Einsatz ein großer gesellschaftlicher Nutzen geschaffen wird, und sich mit dem Produkt voll identifiziert, ist entsprechend glücklicher bei der Arbeit. Auch wenn die eigentliche Aufgabe interessant und das Gehalt attraktiv wären, würde trotzdem der schon erwähnte Pazifist nicht bei Krauss-Maffei Wegmann oder der Veganer bei

McDonalds arbeiten wollen. Zur »Connectedness« zählt aber auch die persönliche Verbindung zu den Kolleginnen und Kollegen, zu den Vorgesetzten und den Mitarbeitern. Wenn sich Kollegen gegenseitig unterstützen, Interessen teilen, Werte teilen, sich entsprechend gut verstehen und gerne zusammenarbeiten, dann verbringen sie nicht nur Lebenszeit glücklich miteinander, sondern tragen auch positiv zu den unternehmerischen Kernzielen bei. Entscheidend ist das individuelle Eingebundensein in das größere Team – mit allem, was dazugehört. Mit Team Events, Weihnachtsfeiern, gemeinsamen Sportaktivitäten und anderen Methoden versuchen Unternehmen, diesen Zusammenhalt zu fördern. Die Zusammenstellung eines in diesem Sinne erfolgreichen Teams beginnt jedoch schon bei der Einstellung eines neuen Mitarbeiters. Tatsächlich ist hier immer häufiger zu beobachten, dass Unternehmen besonderen Wert darauf legen, dass ein Kandidat aufgrund seiner Persönlichkeit in das Team passt – fehlende fachliche Qualifikationen können im Zweifel bei einer gesunden Basis auch »on the job« erworben werden.

Ein drittes Element wurde bereits genannt: die Möglichkeit zu lernen, sich fortentwickeln zu können und zu wachsen trägt wesentlich zum Glück bei der Arbeit bei. Tragischerweise fallen Schulungen und Veranstaltungsbesuche häufig Kürzungen in finanziell kritischen Zeiten als Erstes zum Opfer. Eine Tatsache, die verbunden mit dem Bedürfnis in einem finanziell abgesicherten Unternehmen zu arbeiten, das subjektive Wohlbefinden der Mitarbeiter und damit auch ihre Produktivität maßgeblich beeinträchtigt.

Tal Ben-Shahar nennt als weitere Elemente die Möglichkeit, seine unterschiedlichen Fähigkeiten und Talente einsetzen zu können. Diese können sich über die Zeit eines Berufslebens natürlich ändern, jedoch sollten dann auch die Aufgaben entsprechend angepasst werden. Auch sollte man eine Aufgabe von Anfang bis Ende vollständig umsetzen können. Nur dann stellt sich das Gefühl von Aufgabenerfüllung und daraus resultierender Zufriedenheit ein.[145]

Das letzte hier zu nennende Element wird häufig vernachlässig, spielt jedoch eine herausragende Rolle: Bedeutung, Sinnhaftigkeit, Teil von etwas zu sein, das größer ist als man selbst – »Purpose«. Was ist der Sinn unseres Lebens? Und was ist darin der Sinn unseres Arbeitslebens? Und hat das, woran wir tagtäglich arbeiten eine Bedeutung für unsere Mitmenschen? Dieser Frage geht jeder Mensch früher oder später nach. Für Mitglieder der Generation der Millennials stellt »Higher Purpose« einen elementaren Baustein ihrer Identität dar.[146] Er reflektiert, wer sie sind, wofür sie stehen und was ihre Interessen sind. Wir dürfen auch nicht übersehen, dass laut dem US-amerikanischen Arbeitsministerium 65 Prozent der heutigen Kinder später in Jobs arbeiten werden, von denen wir heute noch gar nicht wissen, dass es sie eines Tages geben wird, ganz zu schweigen davon, wie diese aussehen könnten. Nachhaltiges Glück im Sinne aristotelischer Eudaimonie steht damit im Vordergrund und stellt einen Anker für die Sinnhaftigkeit von Arbeit im Allgemeinen dar – das schnelle und flüchtige hedonistische Glück ist unter diesen Umständen besonders in einer Gesellschaft des Überflusses weniger attraktiv. Um diesen Zustand zu erreichen, reichen die schon erwähnten Kicker und Kaffeemaschinen erst recht nicht aus. Vielmehr stellen Unternehmen Organisationen dar, die die Realisierung von guten und sinnvollen Arbeiten ermöglichen. Dabei einfach einen Schreibtisch mit Computer zur Verfügung zu stellen, um Aufgaben zu bearbeiten, reicht nicht aus. Führungskräfte in Unternehmen müssen sich Gedanken machen, welchen Beitrag das Unternehmen wirklich als Teil einer Gemeinschaft zur Förderung von Lebensqualität und Glück beitragen kann. Sie müssen dann sämtliches Handeln daran ausrichten und bieten auf diese Weise ihren Mitarbeitern tatsächlich die Möglichkeit Teil von etwas zu werden, das größer ist, als sie selbst, das ihrem Wertegefüge entspricht und das ihrem Leben durch das Arbeitsleben einen Sinn verschafft.

Eine praktische Übung in diesem Zusammenhang ist, sich gedanklich in die erste Woche des Ruhestands zu begeben und von dort aus auf das Arbeitsleben zurückzublicken. Wozu haben wir in all den Jahren einen Beitrag geleistet? Was davon hat noch Bestand? Konnten wir Menschen helfen, ihren Weg im Leben durch unsere Leistung besser in ihrem Sinne zu gehen? Was gab es und gibt es vielleicht noch, das nur wir und niemand anderes beitragen konnte und das im Rückblick nachhaltige Anstöße geben konnte? Was sollte gewissermaßen in Ihrem »Berufsnachruf« stehen? Wofür möchten Sie in Erinnerung der Mitmenschen, Kolleginnen und Kollegen bleiben? Vergessen Sie nicht, auch Ihre Familie und Freunde in Ihre Gedanken einzubeziehen.

### »Happiness at Work« für sich entdecken

»Es gibt nur einen Erfolg – das Leben nach seinen eigenen Vorstellungen leben zu können.«

*Christopher Morley*

Am glücklichsten sind wir also bei der Arbeit, wenn wir unter bestimmten Rahmenbedingungen unserer Leidenschaft nachgehen können und in unserer Tätigkeit einen höheren Sinn erkennen. Wenn dazu noch die Anforderungen, die die (all-)täglichen Arbeitsaufgaben an uns stellen und unsere individuellen, persönlichen Leidenschaften zusammenpassen, schaffen wir es immer wieder, in den Zustand des bereits genannten »Flow« zu gelangen. Der Psychologe Mihaly Csíkszentmihályi beschreibt damit einen Zustand des »Loslassens«, des Selbst- und Zeitvergessens während der Erledigung einer Aufgabe. Wir nehmen unser Umfeld nicht mehr wahr, merken nicht, wie draußen die Sonne untergeht und haben das Vergehen der Zeit nicht gespürt. Wenn wir aus diesem Zustand wieder »aufwachen«, spüren wir tiefe Befriedigung, etwas geleistet zu haben. Wir sind nicht gestresst, weil die Ausgabe uns überforderte, wir sind aber auch nicht gelangweilt, weil wir an etwas arbeiten mussten, das uns in Wirklichkeit unterforderte. Selbstverständlich müssen mögliche Störelemente, die das Erreichen des Flow-Zustands verhindern könnten, ausgeschaltet sein.

Wer nach dem passenden Job für sich sucht, der in Anlehnung an die Erkenntnisse der Glücksforschung dazu beiträgt, sein Lebensglück zu steigern, der sollte einen Blick auf das »MPS-Modell« des Harvard Professors Tal Ben-Shahar werfen.[147] Das Kürzel steht im Englischen für »Meaning, Pleasure, Strength« und das Modell selbst greift maßgeblich auf Erkenntnisse des Psychologen Mihaly Csikszentmihalyi[148] zurück, der insbesondere durch seine Arbeit zum beschriebenen »Flow« bekannt geworden ist.[149] Das Modell kann in drei Stufen durchlaufen werden.

In der ersten Stufe stellen Sie sich drei Fragen und schreiben die Antworten am besten in drei Spalten auf:

1. Was gibt mir Sinn? (Hier können Sie auch auf Ihre Werte zurückgreifen.)
2. Was macht mir Spaß / bereitet mir Freude? (Die Antworten hier müssen nichts mit Arbeit zu tun haben.)

3. Was sind meine Stärken? (Hier kann es helfen, Freunde, Verwandte und Bekannte zu fragen.)

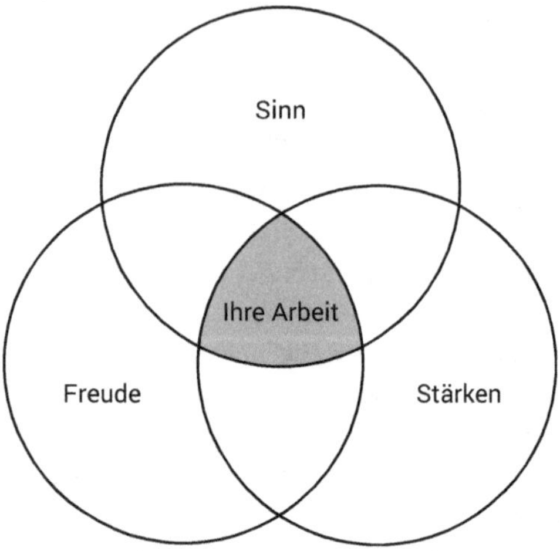


**Abb. 15:** Sinn, Freude und Stärken - Schlüssel zum Glück bei der Arbeit

Im zweiten Schritt gehen Sie durch die drei Spalten und überprüfen, wo Sie Überlappungen entdecken. Nehmen Sie sich hierfür Zeit. Es müssen auch nicht immer Überlappungen in allen drei Spalten auftreten. Lassen Sie Überlappungen in zwei Spalten nicht außer Acht.

Im dritten und letzten Schritt greifen Sie auf die festgestellten Überlappungen, die Ihnen besonders wichtig sind, zurück und finden heraus, welche Aufgaben Ihnen in ihrer gegenwärtigen Arbeit passender erscheinen oder welcher Arbeitsplatz besser zu Ihnen passt, als derjenige, den Sie gerade ausüben. Immer wieder lassen sich entsprechende Aufgaben im Unternehmen finden, vielleicht sind sie auch mit einer Schulung oder Zusatzausbildung verbunden. Nehmen wir an, Sie sitzen die meiste Zeit des Tages am Schreibtisch und arbeiten am Computer. Sehen Sie allerdings beispielsweise einen besonderen Sinn für sich, anderen Menschen zu helfen und es macht Ihnen Spaß, neue Menschen zu treffen und eine Ihrer Stärken ist auch noch Empathie, dann kann es sich möglicherweise lohnen, beispielsweise eine Coaching-Aufgabe im Unternehmen zumindest gelegentlich anzunehmen.

Eine derartige Aufgabe wird Ihnen Spaß machen und Ihnen dazu verhelfen, einen besonderen Sinn in Ihrer Arbeit im Unternehmen zu sehen – wodurch Sie glücklicher werden könnten.

Aber müssen wir nicht erst erfolgreich sein, um dann auch glücklich sein zu können? Denn wenn wir erfolgreich sein werden, dann werden wir all die Anerkennung erfahren, die wir uns wünschen, werden genug Geld verdienen um unsere Wünsche erfüllen zu können und endlich zur Ruhe kommen können? Natürlich ist dem nicht notwendigerweise so. Viele erfolgreiche Menschen sind nicht sonderlich glücklich, denn sie leiden unter Stress, haben wenige soziale Kontakte außerhalb der Arbeitsumgebung, ihr Terminkalender ist fremdbestimmt und sie haben keine Möglichkeit mal zur Ruhe zu kommen – vielleicht erliegen sie auch einem Herzinfarkt, bevor sie überhaupt das Glück am Ende des Tunnels sehen können. Tatsächlich führt also Erfolg nicht notwendigerweise zu Glück, umgekehrt jedoch führen Umstände, die zum subjektiven Wohlbefinden von Menschen beitragen, in der Regel auch zu Erfolg. Glückliche Menschen sind motivierter, engagierter, kreativer, produktiver und belastbarer. Wer also die richtige Aufgabe für sich gefunden hat, die Aufgabe, die ihn positiv durch den Arbeitstag und das Arbeitsleben trägt, der legt auch die Grundlagen für seinen persönlichen Erfolg, den er dann auch genießen kann. Umso wichtiger ist eine Beschäftigung mit dem Thema Glück im Leben – welches nur selbstverständlich insbesondere auch das Arbeitsleben mit einschließt.

Auch am Arbeitsplatz ist Glück also sehr vielfältig. Hinzu kommt noch die Zufriedenheit mit dem Job. Letztendlich ist es auch im Hinblick auf unsere Arbeit unsere Aufgabe, uns unser Glück zu schmieden. Einige Hinweise hierzu konnten in diesem Kapitel zumindest überblickshaft vorgestellt werden. Im folgenden Abschlusskapitel haben wir nun für Sie eine Reihe von Übungen zusammengestellt, die Sie auch im Arbeitsleben einsetzen können und die Ihnen helfen sollen, Ihre Arbeitszeit weniger schlafwandlerisch und dafür erfüllender wahrzunehmen.

# Kapitel 4: Meditationen und andere Übungen – »Happiness practice«

»Es ist nicht genug, zu wissen, man muss es auch anwenden. Es ist nicht genug zu wollen, man muss es auch tun.«

*Johann Wolfgang von Goethe*

## 4.1 Der Atem

Die Rolle des Atems: Im Zen-Training wird immer wieder darauf hingewiesen, wie wichtig der Atem ist. Im Atem offenbart sich der Rhythmus und die Dynamik unseres Lebens, unseres Seins. So lange wir leben, begleitet uns der Atem. Körper und Geist werden durch den Atem verbunden – denn über die Möglichkeiten unseren Atem zu verändern, zu regulieren, können wir unsere körperlichen und geistigen Funktionen beeinflussen. Aus Sicht des Zen-Trainings bedeutet dies, dass wir über die achtsame Wahrnehmung des Atems mehr und mehr Achtsamkeit für unseren Körper und Geist entwickeln lernen. Denn mit jedem Atemzug wandle ich mich zu einem anderen Menschen.

### Übung 1: Atempause

Eine einfache Übung, um sich immer wieder zu erlauben, einfach beim Atem Pause zu machen:

Schließen Sie, so wie Sie gerade sitzen, die Augen und erlauben Sie sich für einen Moment, alles loszulassen, alles loszulassen außer diesem Moment, sich zu zugestehen, die Tätigkeiten des Tages, die Arbeit hinter sich zu lassen und die Gedanken an die zurückliegenden Stunden oder an die bevorstehenden Aufgaben. Erlauben Sie sich einfach beim Atem zu bleiben, ohne etwas zu verändern. Beim Einatmen ruht die ganze Aufmerksamkeit beim Einatmen, beim Ausatmen die ganze Konzentration auf dem Ausatmen. Ein- und Ausatmen. Nur Ein- und Ausatmen … Begleiten Sie Ihr Einatmen mit einem innerlichen »Ein«, ihr Ausatmen mit einem innerlichen »Aus«. Es darf sein, wie es ist – ohne zu versuchen, es in irgendeiner Weise zu verändern.

### Übung 2: Atemkonzentration:

Betrachten wir die Achtsamkeit auf den Atem bezogen in der Meditation, dann ergeben sich fünf zentrale Schritte:

1. Wir beruhigen den Körper – indem wir eine angemessene Sitzposition einnehmen und unseren Körper mehr und mehr durch die Konzentration auf den Atem entspannen.
2. Wir beruhigen den Geist – indem wir die Gedanken, Gefühlswelten und Emotionen in unserem Geist erkennen, können wir sie mehr und mehr loslassen.
3. Wir erkennen, wie wir atmen – indem wir erkennen, ob wir lange oder kurze Atemzüge nehmen und uns bewusst werden, wie der Atem in der Umgebung der Nase rein- und wieder hinausfließt, sowie wie sich der Bauch hebt und senkt, entsteht eine tiefe Ruhe.
4. Wir nehmen den Atem im ganzen Körper wahr – indem wir unseren Fokus beim Ein- und Ausatmen auf den Unterbauch legen, nehmen wir unseren ganzen Körper in seiner ganzen Dimension wahr. Im Zen nennen wir das einen »Atemkörper«.
5. Wir beruhigen den Atem – indem wir die Schritte 1 bis 4 konsequent und achtsam durchführen, beruhigt sich der Atem in allen Bereichen des Körpers.

## 4.2 Anleitung Zazen

### Übung 3: Zazen – Atemzählen

Zählen Sie bei jedem Atemzug beim Ausatmen innerlich mit (»eiiiiiii-iiiiiins, zweiiiiiiiiii ...«), bis Sie zehn erreichen und dann fangen Sie wieder bei eins an. Es kann helfen, sich beim Zählen die betreffenden Zahlen vor dem geistigen Auge vorzustellen, als Ziffern oder als Zahlworte.

Stellen Sie fest, dass Sie das Zählen vergessen haben oder über zehn hinaus mechanisch weitergezählt haben, fangen Sie einfach wieder von vorne an. Es ist nicht nötig, sich Vorwürfe zu machen, wenn man feststellt, dass man sich hat ablenken lassen – es reicht, die Ablenkung zu registrieren und immer wieder zur Übung zurückzukehren.

Dauer:

Am Anfang sollte man sich nicht zu viel vornehmen. Es ist besser, eine kurze Sitzzeit zu wählen, die man bequem regelmäßig durchhalten kann, als sich zu längerem Sitzen zu zwingen. Fünf, zehn, fünfzehn Minuten sind am Anfang völlig ausreichend, allmählich sollte man die Zeit dann bis 25 und 30 Minuten ausdehnen.

Hat man sich für eine Dauer entschieden, sollte man sich für diese Sitzrunde unbedingt daran halten. Zur Zeitmessung kann man Wecker, Teeuhren, Kurzzeitmesser oder auch Räucherstäbchen benutzen. Die alten Zen-Meister geben uns hier als Anweisung mit: »Sitze solang, wie ein Räucherstäbchen brennt!«

Kehren Sie nach Ablauf der Sitzzeit langsam wieder in den Alltag zurück.

Haltung:

Hier noch vier Sitzarten auf einem Meditationskissen respektive auf einem Meditationsbänkchen:

1. (Achtung – beginnt mit 2 und nicht mit 1) Lotussitz:
   Diese Sitzhaltung ist die Variante, die dem Körper die beste Stabilität gibt.
   Legen Sie Ihr Kissen auf den hinteren Teil der Unterlage und setzen sich hin. Die Knie ruhen seitlich auf dem Boden. Legen Sie den rechten Fuß so weit oben wie möglich auf den linken Oberschenkel und den linken Fuß entsprechend auf den rechten.
2. Halber Lotussitz:
   Im Prinzip wie beim vollen Lotussitz, aber hier legen Sie nur den linken Fuß auf den rechten Oberschenkel.
   Eine leicht geänderte Form besteht darin, die Füße nicht auf die Oberschenkel, sondern auf die Unterschenkel zu legen, was schon wesentlich einfacher ist.
3. Burmesischer Sitz:
   Die Beine liegen hierbei voreinander, die Knöchel ruhen auf der Unterlage. Das ist weniger anstrengend für die Knie. Nach einiger Übung kann man sich versuchsweise zum halben Lotussitz »hocharbeiten«.

4. Fersensitz:
   Diese Haltung kann auf einem Sitzkissen oder einer Meditationsbank eingenommen werden. Einige Leute nehmen das Kissen hochkant zwischen die Beine und setzen sich dann darauf. Das Gewicht ruht auf dem Sitzkissen bzw. der Bank, den Knien, Schienbeinen und Knöcheln.

## 4.3 Übungen zur Achtsamkeit

### Übung 4: Besinnung auf die Sinne – hören, riechen, schmecken

Eine kurze Übung, die hilft sich im Moment zu verankern:

Konzentrieren Sie sich nacheinander auf ihre Sinneseindrücke, gehen Sie ihre Sinne einen nach dem anderen durch und nehmen Sie nur wahr. Sobald Sie 5 Aspekte »gesammelt« haben, gehen Sie zum nächsten Sinn weiter. Lassen Sie sich nicht beirren, wenn Sie die Eindrücke nicht benennen können, erlauben Sie sich einfach wahrzunehmen. Es gibt kein richtig oder falsch, nur Ihre persönliche Wahrnehmung.

- 5 Dinge, die Sie gerade sehen können.
- 5 Dinge, die Sie gerade hören können.
- 5 Dinge, die Sie gerade riechen können.
- 5 Dinge, die Sie gerade fühlen / tasten können.
- 5 Dinge, die Sie gerade schmecken können.

### Übung 5: Achtsamkeit auf den Körper: (kurzer) Body Scan

Diese Übung hilft, sich im Körper zu zentrieren und Signale des Körpers schneller wahrzunehmen, behutsam eine bessere Körperwahrnehmung zu schulen:

Legen oder setzen Sie sich bequem hin und schließen Sie Ihre Augen. Nehmen Sie sich einen Moment Zeit, bewusst in Ihrer momentanen Position anzukommen, nehmen Sie wahr, wie Sie gerade sitzen oder liegen, welche Empfindungen da sind, wo Sie mit dem Körper den Stuhl, den Boden spüren. Nehmen Sie sich Zeit, Ihren Körper als ein Ganzes zu spüren.

Richten Sie dann Ihre Aufmerksamkeit bewusst auf den Atem und folgen Sie einen Augenblick den Atembewegungen und lassen Sie Ihren Geist sich beim Atem sammeln.

Gehen Sie nun mit Ihrer Aufmerksamkeit in einer freundlichen und interessierten inneren Haltung hinunter zu Ihrem linken Fuß. Nehmen Sie Ihren Atem mit, atmen Sie bewusst in Ihren linken Fuß, lassen Sie den Atem mit ihrer Aufmerksamkeit bis zu Ihrem Fuß strömen ohne etwas zu erzwingen, einfach so wie es geschieht. Was können Sie jetzt in diesem Moment an Ihrem Fuß wahrnehmen? Was auch immer es ist, erlauben Sie sich, dass alles genau so sein darf, wie es jetzt gerade ist, ohne es zu bewerten oder gar abzulehnen.

Lösen Sie sich mit dem nächsten Ausatmen dann wieder von Ihrem linken Fuß und wenden Sie sich mit freundlicher Aufmerksamkeit der nächsten Körperregion in gleicher Weise zu. Gehen Sie in ihrem Tempo nacheinander zum linken Unterschenkel, dem linken Knie, dem linken Oberschenkel, dem rechten Fuß, rechten Unterschenkel, rechten Knie, rechten Oberschenkel. Gehen Sie weiter zum Gesäß, dem Lendenwirbelbereich, oberen Rücken, Brustraum, Bauchraum, beiden Händen, beiden Armen, Schultergürtel. Gehen Sie dann mit der Aufmerksamkeit zu Hals, Gesicht und dem gesamten Kopfraum.

Wenn Ihre Gedanken abschweifen, lenken Sie Ihre Aufmerksamkeit während der gesamten Übung behutsam zum Atem und der Körperregion zurück. Vielleicht können Sie auch gar nichts Bestimmtes wahrnehmen, auch das ist vollkommen in Ordnung. Bleiben Sie aufmerksam und neugierig auf das, was auch immer Sie wahrnehmen.

Dehnen Sie dann Ihre Aufmerksamkeit auf den gesamten Körper aus, so dass Sie Ihren ganzen Körper, von Kopf bis Fuß, in liebevollem Gewahrsein halten und spüren können … Nehmen Sie wahr, was ist, und erlauben Sie sich, damit zu sein, einfach mit sanfter, liebevoller Präsenz beim Körper zu bleiben. Fühlen Sie wie Sie atmen. Spüren Sie, wie der Atem einströmt und wieder ausströmt. Genießen Sie für einen Moment den Fluss Ihres Atems durch Ihren gesamten Körper.

Beenden Sie nun die Übung. Nehmen Sie einen tiefen Atemzug, strecken, recken Sie sich oder machen Sie andere Bewegungen, die Ihnen gut tun. Geben Sie sich in Ihrem Tempo Zeit mit der Aufmerksamkeit wieder im Raum anzukommen.

## Übung 6: Achtsamer Arbeitstag – Achtsamkeitsrituale im Alltag

»Wenn uns bewusst wird, dass wir nicht bewusst sind, dann praktizieren wir bereits Achtsamkeit.« Die Herausforderung im Alltag besteht vor allem darin, Achtsamkeit nicht zu vergessen. Rituale sind dafür äußerst hilfreich. Es geht ganz pragmatisch darum, persönliche Achtsamkeitsnischen zu finden und damit eine achtsame Haltung immer mehr ins Leben zu integrieren, mit der Zeit einen »achtsamen Autopiloten« zu etablieren. Hier finden Sie ein paar Anregungen für einen achtsamen Arbeitsalltag – Ihrer eigenen Kreativität für eine persönlich passende Achtsamkeitspraxis sind dabei natürlich keine Grenzen gesetzt:

- Morgenritual: Fenster auf und bewusst atmen oder nur hören, achtsamer erster Schluck / Bissen beim Frühstück, eine bewusste Absicht für den Tag formulieren. (Was ist mein Herzenswunsch für heute (für mich und andere), worauf möchte ich mich heute fokussieren?)
- Weg zur / von der Arbeit: Sinne nutzen, ein paar Schritte gehen, handyfreie Zeit.
- Übergangssituationen bewusst wahrnehmen und eine Atempause einlegen (zwischen Meetings, Telefonaten …).
- Häufig wiederholte Tätigkeiten (z. B. Trinken, auf das Handy schauen, Türklinke) oder akustische Signale einer Achtsamkeitsapp als Anker nutzen, sich an eine bewusste Haltung und die Ausrichtung im Hier und Jetzt zu erinnern.
- Worauf Sie sich zudem fokussieren können:
  - (Sitz)Haltung – wie sitze ich im Moment? (wahrnehmen ohne etwas zu verändern), wie fühlt sich das im Körper an, was möchte mein Körper (ggf. etwas verändern)?
  - Atem – Atme ich kurz oder lang?
  - Pausen – brauche ich eine Pause, woran merke ich, dass ich eine Pause brauche, wie muss die Pause aussehen um meinem Bedürfnis wirklich gerecht zu werden?
  - Kommunikation – wie sieht meine Gewohnheit aus mit anderen Menschen zu reden? Nehme ich mich dabei wahr? Nehme ich den / die anderen dabei wahr? Was ist meine gewohnte Wortwahl / Art zu reden? Wie häufig denke ich über Probleme nach und

versuche diese so zu lösen? Wie häufig spreche ich über Dinge, bei deren Erzählung es mir selbst nicht gut geht?

- Medien / Handy – nutze ich Medien bewusst? Habe ich Raum, die Informationen zu verarbeiten, wenn ich sie aufnehmen (z. B. E-Mails)? Hat mein Medienkonsum eine Funktion (TV zur Ablenkung, zum Einschlafen)? Wie viel Zeit verbringe ich außerhalb der Arbeit am Computer, mit dem Handy, mit Fernsehen?
- Die Erlaubnis wirklich wahrzunehmen: Was bedeutet wirkliche Selbstfürsorge für mich?
- Welche Aktivitäten wirken unterstützend auf meine Gesundheit, wirken stressreduzierend, geben mir Sicherheit, wobei fühle ich mich gut im Kontakt mit mir selbst?
- Was kann mich unterstützen, gesundheitsförderliche Aktivitäten oder Entspannungsphasen in meinen Alltag zu integrieren?
- Was hält mich in Stress oder Unausgeglichenheit?
- Was sind meine Ernährungsgewohnheiten? Welche Signale sendet mein Körper?
- Wie sieht mein persönlicher Achtsamkeitsübungsplan aus? Was könnten für Hindernisse auftreten? Wie kann ich sie überwinden?

### Übung 7: Der innere Beobachter

Nehmen Sie eine bequeme Sitzposition ein. Dann nehmen Sie ganz bewusst ein paar lange Atemzüge. Nehmen Sie wahr, was gerade ist – richten Sie Ihr Gewahrsein auf die gegenwärtige Haltung Ihres Körpers. Dann sagen Sie in Ihrem Geist beispielsweise: »Jetzt sitze ich« oder »jetzt liege ich«.

Nehmen Sie wahr, warum Sie etwas gerade tun. Warum sitze ich gerade? Beispiel: »Ich sitze, um mich zu entspannen.« Oder: »Ich sitze, weil ich gerade sitze.« Fragen Sie sich: Wie sitze ich gerade und was für Wahrnehmungen habe ich gerade. Beispielsweise »Meine Knie, mein Rücken schmerzen.«

Bleiben Sie mit Ihrem Geist beim Körper. Wenn wir in Gedanken wieder abdriften, kommen wir einfach wieder zurück. So werden wir mehr und mehr erkennen, warum wir etwas tun – in unserem Beispiel, warum wir sitzen. Wir erkennen, welche Handlungen vielleicht überflüssig, unangemessen oder unsinnig sind und können diese auch loslassen. Eine gute Möglichkeit, dies zu praktizieren, ist, wenn wir fernschauen. Warum tun wir dies? Wozu dient es? Das heißt nicht, dass Sie jetzt kein TV mehr eingeschaltet haben. Aber Sie werden vielleicht weniger und nur noch bewusster schauen. Nicht als Zeitvertreib oder Einschlafhilfe, sondern um sich wirklich zu informieren oder durch einen tollen Spielfilm oder Fußballspiel begeistert, berührt zu sein oder einfach zu entspannen. Für alle Benennungen gilt, dass Sie nicht an der jeweiligen Wahrnehmung festhalten sollen. Nehmen Sie sie einfach zur Kenntnis. »White clouds naturally come and go.« Alles darf da sein, lassen Sie es aber immer wieder gehen und bleiben Sie Beobachter. Unser beobachtender Geist ist wie der Himmel und die verschiedenen Gedanken und Gefühle, die auftreten, sind wie Wolken, die zeitweilig durchziehen, die aber niemals die weite Transparenz des Himmel trüben können. Dies führt zu einem inneren Gefühl voller Freiheit. Es gibt immer wieder Verwirrungen in unserem Geist, aber wenn Sie Beobachter bleiben, zentrieren Sie sich immer wieder und finden Sie Ihre Mitte.

## Übung 8: »Silent Walk«

Täglich und jederzeit bewegen wir uns in einer Umgebung, die wir nicht mehr wahrnehmen, da wir meinen, sie ja schon zu kennen. Der Arbeitsweg ist immer der gleiche. Die Spaziergangsrunde auch. Doch Sie werden überrascht sein, wie wenig Sie auf diesen vermeintlich täglichen Strecken wirklich bislang wahrgenommen haben. Wie wäre es mit einem »Silent Walk«?

Ein »Silent Walk« ist eine simple und doch herausfordernde Achtsamkeitsübung: Gehen Sie eine Runde Spazieren, Einkaufen oder unternehmen Sie einen »Silent Walk« einfach auf dem Weg von oder zur Arbeit. Schalten Sie Ihr Handy ab (oder lassen Sie es gleich zu Hause) und gehen Sie raus. Nehmen Sie dabei ganz bewusst wahr, was um Sie herum ist. Denken Sie nicht an das Gestern oder Morgen, sondern nehmen Sie lediglich wahr. Vielleicht setzen Sie sich auf eine Parkbank oder auf die Sitzbank in der U-Bahn, oder Sie gehen, laufen oder rennen sogar. Selbst beim Schwimmen könnten Sie einen »Silent Walk« unternehmen.

Sehen Sie sich genau an, wie Ihre Umgebung aussieht. Werten Sie nicht, sondern nehmen Sie lediglich wahr, was Sie sehen. Beachten Sie bewusst einzelne Elemente in Ihrer Umgebung. Achten Sie auf Farben, Muster, Strukturen, Bewegungen und anderes.

Hören Sie bewusst die Geräusche und Laute in Ihrer Umgebung: die natürlichen Geräusche, die von Menschen geschaffenen Geräusche, laute und leise Geräusche. Vielleicht auch lediglich das Geräusch Ihres eigenen Herzschlags.

Fühlen und spüren Sie die Umgebung bewusst. Ist es warm oder kalt? Sitzen Sie hart oder weich? Oder laufen Sie und Sie nehmen wahr, wie Sie immer wieder mit den Füßen den Boden berühren. Vielleicht spüren Sie einen Luftzug auf Ihrer Haut oder ein Windhauch bläst Ihnen ins Gesicht.

Welche Gerüche nehmen Sie wahr? »Frische Luft«, »Stadtluft«, Blütenduft, Restaurantgerüche? Atmen Sie tief durch.

Sie werden merken, dass die Umgebung weit mehr bereithält, als Sie wahrgenommen haben. Es gibt so viel zu entdecken, viele kleine und große Wunder.

(Diese Übung ist übrigens auch gerne ein Bestandteil von Entrepreneurship Trainings für Unternehmensgründer, die auf der Suche nach neuen Ideen sind. Durch das bewusste Wahrnehmen und entsprechende Beobachten der Umgebung lassen sich immer wieder Ideen für neue Produkte oder Dienstleistungen entdecken.)

## 4.4 Übungen zur Dankbarkeit

### Übung 9: Anleitung Dankbarkeitstagebuch

Einfache Variante: Notieren Sie am Ende eines jeden Tages 3 Aspekte: Wofür kann ich heute dankbar sein?

### Übung 10: Dankbarkeit Visualisieren – »Erbsenwoche« und Anker

Praktische Handlungen und Symbole helfen im Alltag einen gewünschten Aspekt zu fokussieren:

- Erbsenübung: Stecken Sie Erbsen (Kieselsteine …) in die rechte Jackentasche / in ein Gefäß – bei jeder Erfahrung, die Sie mit

Dankbarkeit aufnehmen können, stecken Sie eine Erbse in die linke Jackentasche/ ein anderes Gefäß. Bis zum Ende der Woche beobachten Sie, wie viele Erbsen gewandert sind.

- Ein gut sichtbares Symbol kann helfen, sich an eine dankbare Haltung zu erinnern und sich in Dankbarkeit zu üben: ein Stein auf dem Schreibtisch, ein roter Klebepunkt auf dem Handy, ein Smiley am Badezimmerspiegel.

### Übung 11: Dankbarkeitsmeditation / Fragen zur Reflexion

Nehmen Sie sich einen ungestörten Moment, geben Sie sich Gelegenheit über den Atem Ruhe im Inneren einkehren zu lassen. Beschäftigen Sie sich mit der Frage:

Wofür bin ich dankbar? Wofür kann ich in meinem Leben wirklich dankbar sein? Lassen Sie das Gefühl von Dankbarkeit im Innern aufsteigen, begleitet von all den Bildern und Gedanken, die auch immer kommen mögen.

Was habe ich an diesem Tag getan, um mein eigenes Leben oder das Leben anderer zu bereichern? Was habe ich Positives gegeben? Geben Sie diesen Fragen im Innern Raum, suchen Sie nicht krampfhaft nach einer Antwort, sondern lassen Sie alles da sein, was in Verbindung mit Fragen kommen mag. Versuchen Sie nicht zu werten und auch selbstverständlich erscheinenden Kleinigkeiten, wie z. B. jemandem ein Lächeln geschenkt zu haben, Raum zu geben.

Was haben andere an diesem Tag getan, um mein Leben zu bereichern? Wofür bin ich anderen oder dem Leben dankbar? Vielleicht eine freundliche Bemerkung, schöne Dinge der Natur, frische Luft … Geben Sie all dem Raum, was auch immer in Ihren Sinn kommen mag.

Spüren Sie der Übung nach, lassen Sie zu, dass sich ein Gefühl von Dankbarkeit in Ihnen ausbreiten darf.

### Übung 12: Dankbarkeit ausdrücken

Achten Sie bewusst darauf, anderen gegenüber ihre Dankbarkeit auszudrücken, Ihnen mitzuteilen, wofür Sie dankbar sind.

Heute ist es besonders einfach, jemandem seine Dankbarkeit mitzuteilen: Schicken Sie doch jetzt eine SMS / WhatsApp / LINE / WeChat-Message über Ihr Handy an jemanden, dem Sie dankbar sind. Sie können sicher sein, dass Sie dieser Person eine Freude machen werden – und sie sich bei Ihnen melden wird. Schicken Sie die Nachricht nicht erst gleich, nachher, später, irgendwann, sondern genau jetzt!

Sammeln Sie Ihre Erfahrungen in Ihrem Dankbarkeitstagebuch.

## 4.5 Übungen zu (Selbst-)Mitgefühl und Selbstfürsorge

### Übung 13: Selbstmitgefühl in schwierigen Momenten

Entwickeln Sie ein persönliches »Mantra«, welches Sie in schwierigen Momenten nutzen können, um mitfühlend sich selbst zu begegnen und damit persönliche Ressourcen aktivieren zu können (modifiziert nach K. Neff):

1. Es ist schwer jetzt so zu empfinden / Dies ist ein schmerzhafter Moment.
2. Sich so zu fühlen ist menschlich / Ich bin mit diesem Empfinden nicht allein.
3. Ich kann mir mit diesem schwierigen Empfinden Fürsorge entgegenbringen, mich darin üben, gut und hilfreich für mich sorgen.
4. Alles ist vergänglich, auch dieser schmerzliche Moment kommt und geht.

### Übung 14: Praktische Selbstfürsorge für schwierige Momente

Selbstfürsorge bedeutet auf gute Art und Weise auf eigene Bedürfnisse zu reagieren. Meist braucht es etwas Übung und eine Zeit des Ausprobierens, um herauszufinden, was in schwierigen Momenten persönlich wirklich hilfreich ist. Drei zentrale Aspekte zur Orientierung:

**Ressourcen-Liste: Was kann ich jetzt konkret (heilsames) tun?**

Erstellen Sie eine möglichst konkrete Ressourcen-Liste mit Ideen, was Sie in schwierigen Momenten selbstfürsorglich tun können: Welche Menschen tun Ihnen gut, wen könnten Sie kontaktieren? Welchen Sport treiben? Welche Musik hören? Ist es vielleicht hilfreich, in die

Natur zu gehen, zu duschen, es sich gemütlich zu machen, zu schreiben, einen bestimmten Text zu lesen, sich mit Kunst zu beschäftigen, unter Menschen / ins Kino zu gehen, Meditieren / eine Übung machen … Neben einer Liste können Sie sich auch eine Box zusammenstellen, in welcher Sie Notizen und konkrete Gegenstände für hilfreiche Aktivitäten sammeln.

**Gedanken-Stopp: Wie kann ich mich gedanklich neu ausrichten?**

Achten Sie besonders darauf dysfunktionale Selbstgespräche (grübeln, sich antreiben und kritisieren) zu stoppen – wie? Achtsamkeit!

Üben Sie sich darin, Gedanken kommen und gehen zu lassen, wie Wolken, die vorüberziehen oder Blätter im Fluss, die vorbeitreiben. Die Übung in Meditation hilft dabei, sich immer mehr von Gedanken zu lösen, sich »frei« zu machen, von Konzepten, Vorstellungen und Wertungen. Eine Visualisierung, wie Gedanken kommen und gehen oder wie Sie Gedanken wegpacken und für einen Moment beiseitestellen, kann auf dem Weg dorthin hilfreich sein.

Nutzen Sie zudem folgende Fragen, wenn Sie sich gedanklich an einer Situation festgebissen haben: Ist der Gedanke wahr? Wie kann ich das sicher wissen? Ist der Gedanke nützlich? Wie würde eine andere Person denken, die einen guten Weg mit der Situation gefunden hat? Was würde ich einem richtig guten Freund in dieser Situation sagen? Welche Bedeutung hat die Situation in 10 Jahren?

Denken Sie daran: Gedanken sind von unserer Erfahrung und Ausrichtungen geprägt, sie sind keine Fakten. Folglich: Glauben Sie nicht alles, was Sie denken!

**Gefühlen Raum geben: Wie kann ich mein Gefühl transformieren?**

Wenn es uns gelingt, in schwierigen Situationen Heilsames zu tun und zu denken, wird sich auch unser Erleben verändern. Zudem können wir aktiv dazu beitragen, heilsame Gefühle zu aktivieren und zu fördern. Es geht nicht darum, schwierige Gefühle wie Traurigkeit oder Angst »wegzumachen«. Es geht darum, ihnen bewusst Raum zu geben und sie dann wieder gehen zu lassen, einem anderen (heilsamen) Empfinden Energie zu geben. Wenn Sie Traurigkeit spüren, erlauben Sie sich diese Traurigkeit wie eine Welle kommen und gehen zu lassen, ohne sie festzuhalten oder gedanklich weiter zu nähren. Aktiveren Sie dann ganz bewusst ein Gefühl von Trost, Gehaltensein, Freude, Dankbarkeit. Nutzen Sie dafür Bilder: die Vorstellung einer guten Freundin, eines vertrauten Menschen, eines geliebten Haustieres … Nutzen Sie Affirmationen: »Ich freue mich wie ein kleines Kind.« »Ich bin getragen, wie ein Säugling durch seine liebende Mutter.« »Ich spüre und sehe meine Traurigkeit, sie darf da sein und wieder gehen, ich möchte mich nun mit dem verbinden, wofür ich in meinem Leben dankbar bin.«

Und: Nutzen Sie auch in schwierigen Momenten wann immer es geht Humor! Lachen Sie über sich selbst, lachen Sie über das Leben, lachen Sie über all die Handicaps, all die Fallstricke, all die wundersamen Dinge, die Ihnen im Leben begegnen. Auch im tiefsten Schmerz findet sich Freude, auch im größten Leiden steckt Lebendigkeit. Richten Sie sich auf und lachen Sie aus tiefstem Herzen.

## Übung 15: Random Act of Kindness

Mitgefühl tut gut und trägt zum Glück bei; und zwar nicht nur zum eigenen, sondern auch zum Glück desjenigen, der das Mitgefühl erfährt. Eine einfache Übung hierzu ist der »Random Act of Kindness« (RAK). Bei einem RAK handelt es sich um einen selbstlosen (!) Akt, der durch eine oder mehrere Personen umgesetzt werden kann, um eine oder mehrere andere Personen aufzuheitern und etwas glücklicher zu machen. Wer achtsam durch das Leben geht, begegnet ständig Möglichkeiten für einen RAK: Anstatt einfach weiterzugehen, helfen wir einem orientierungslosen Rollstuhlfahrer vor einem kaputten Aufzug. Anstatt nur zu warten, bis die Ampel auf Grün schaltet, sagen wir dem jungen Mann vor uns, dass sein Rucksack offen ist. Wir helfen an der Kasse kurz mit 10 Cent aus, die dem Kunden vor uns fehlen.

In Italien gibt es den »Caffè sospeso«, ein neapolitanischer Brauch aus dem Beginn des 20. Jahrhunderts: Sie zahlen an einer Bar nicht nur Ihren eigenen Espresso, sondern Sie zahlen für zwei. Der zweite Espresso wird vom Barista notiert und auf Nachfrage einem Bedürftigen serviert. Beispielsweise in München erlaubt es die Initiative »Brot-am-Haken« in Bäckereien für jemanden Bedürftiges Brot zu bezahlen. Dafür wird ein Zettel an einen Haken an der Bäckerei gehängt und ein

Bedürftiger kann sich dafür Brot aushändigen lassen. (Das machen auch Eisdielen mit – so kann man jemandem ein Eis spendieren.)

Ein RAK muss nicht unbedingt besonders zufällig sein, sondern darf ruhig auch ein wenig geplant sein. Ein Freund hat einen besonderen Wunsch – und zufällig können wir selbst ihn, wenn auch mit etwas Aufwand, erfüllen. Der Aufwand wird das geschaffene Glück wert sein. Und nicht nur an Weihnachten oder zum Geburtstag.

Wir können uns auch anderen anschließen, um einen RAK umzusetzen und beispielsweise Blutspenden, bei der jährlichen Parksäuberungsaktion endlich einmal mitmachen, uns im Rahmen einer Wohltätigkeitsveranstaltung engagieren und so weiter. Allen Aktivitäten gemein ist, dass wir durch die Ausübung eines RAK Teil von etwas werden, das größer ist, als wir selbst – und damit nicht nur zu unserem eigenen Glück, sondern auch zum Glück anderer beitragen.

Übrigens: Eine »Random Act of Kindness«-Initiative in Neuseeland hat den 1. September eines jeden Jahres zum »Random Act of Kindness Day« erklärt (http://rak.co.nz/).

Wann ist Ihr persönlicher »Random Act of Kindness Day«? Und wie wäre es mit einem »Random Act of Kindness Day« in Ihrem Unternehmen?

## Übung 16: Meditation über Mitgefühl und Freundlichkeit

Schließen Sie Ihre Augen, bereiten Sie wieder Ihren Sitz vor und sitzen Sie bequem. Beide Knie sind am Boden, das Becken ist aufrecht und die Wirbelsäule streckt sich nach oben. Ziehen Sie die Aufmerksamkeit von äußeren Sinneseindrücken zurück und richten Sie auf Ihr inneres Erleben. Die ganze Körperhaltung ist aufrecht, wach und lebendig, und gleichzeitig so entspannt wie möglich … Stellen Sie sich nun vor, dass körperliche Spannungen mit der Atemluft mit jeder Ausatmung einfach aus dem Körper abfließen. Und entspannen Sie zuerst das Gesicht … Mit jedem Ausatmen wird das Gesicht ein bisschen gelöster, die Haut an Stirne und Schläfen wird glatt. Haut und Muskulatur im ganzen Gesicht lassen los … Die Augen entspannen, die Augäpfel werden weicher und auch der Blick hinter den geschlossenen Liedern geht wohin er von alleine gehen will … Dann lassen Sie auch

Anspannungen an Lippen und Mundwinkeln einfach abfließen … Die Zungenspitze berührt den Gaumen leicht oberhalb der Schneidezähne. Mit den nächsten Ausatmungen, ohne dass Sie in der Brust zusammensinken, entspannen Sie Schultern und Schulterblätter seitwärts und nach hinten … Dann entspannt der Bauch … Die Hände, jeder einzelne Finger … Erleben Sie den ganzen Körper als still … Nur eine Bewegung gibt es noch, die Bewegung des Ein- und Ausatmens …

Nehmen Sie vor, sich ganz in die kommende Übung hineinzugeben. Sich den Gefühlen von Mitgefühl und Freundlichkeit anzuvertrauen. Und Ihnen zu erlauben zu wachsen und immer stärker zu werden … Auf eine ganz ehrliche, zugleich beharrliche und sanfte Weise. Und beginnen Sie dann mit der Übung.

Und lassen Sie mehr und mehr die Empfindungen und Gefühle, die Sie angenehm finden, in den Vordergrund des Gewahrseins treten …

Spüren Sie in sich hinein. Vielleicht sind es angenehme Körpergefühle, der Fluss der Energie oder auch die Freude, weil Sie wissen, dass Sie etwas Gutes für sich tun … Nehmen Sie diese Empfindung wahr, geben Sie ihnen Raum; spüren Sie, wie sie das Herz berühren und öffnen … und erlauben Sie sich, einfach auf diese Art und Weise »ja« zu Ihnen zu sagen … zu genießen, das ganz anzunehmen, dass es Sie gibt … Vielleicht spüren Sie diese Gefühle als eine Art Wärme, oder als ein Licht vielleicht goldenes oder tiefrotes, dass sich in Ihnen ausbreitet. Und Sie können dies noch durch Sätze unterstützen: Möge ich glücklich sein … Möge es mir gut gehen … Geben Sie sich dem Gefühl von Freundlichkeit und Offenheit für sich selbst immer mehr hin. Es immer weiter wachsen lassen …

So dass es Sie ganz erfüllt und umgibt …

Dong

Und Sie spüren weiterhin das Gefühl von Freundlichkeit im Herzen und nehmen rasch ohne zu Zögern die Vorstellung eines guten Freundes oder Freundin in dieses Gefühl hinein … Nehmen Sie diesen Menschen sehr klar wahr, spüren Sie ihn, als ob er hier wäre und betrachten ihn voller Freundlichkeit, voller Zuneigung …Vielleicht stellen Sie sich vor, wie Sie einander begegnet sind und Freude erlebt haben oder vielleicht diesem Menschen etwas sehr Gutes geschieht und er lacht und ist glücklich … Achten Sie darauf, dass Ihre

Wahrnehmung dieses Menschen sehr klar, sehr plastisch bleibt, sehr lebendig und dass zugleich Ihre Gefühle sehr offen, warm, zugeneigt sind … Möge dieser Mensch auf seine ganz eigene Weise glücklich und zufrieden sein … Ihr Interesse an diesem Menschen kann noch stärker werden. Ihre Zuneigung noch herzlicher, noch zugewandter, noch offener für die eigene Art dieser Person … und während Ihre Gefühl von Freundlichkeit weiterhin groß und offen und kraftvoll bleiben, lassen Sie allmählich die Vorstellung von diesem Menschen verblassen.

Und lassen Sie dann ohne zu Zögern eine neutrale Person ins Gewahrsein treten. Jemanden, der Sie kaum interessiert, den Sie aber gut genug kennen, dass Sie ihn klar vorstellen können …

Spüren Sie auch dies ist ein Mensch wie Sie, wie Ihre Freunde …

Nehmen Sie ihn wirklich aufmerksam wahr, vielleicht können Sie das Bild dieser Person noch klarer, vielleicht ein bisschen farbiger machen oder das Gefühl Ihrer Gegenwart stärker, lebendiger, kraftvoller machen …

Und erkennen Sie auch in diesem Menschen seinen Wunsch glücklich zu sein, zufrieden, frei von Leiden …

Nutzen Sie Ihre Vorstellungskraft, um sich noch mehr für diesen Menschen zu interessieren, ihn wirklich in seinen Qualitäten wahrzunehmen und emotional ja zu ihm zu sagen.

Dann lassen Sie ihn allmählich in den Hintergrund Ihres Gewahrseins treten.

Und spüren weiterhin die Freundlichkeit und Weite in Ihrem Herzen und lassen Sie noch kräftiger werden … und denken dann an einen Menschen, den Sie nicht mögen. Nehmen Sie ihn auch wahr, leugnen Sie die Abneigung nicht – aber bleiben Sie klar und sehen Sie auch seine guten Eigenschaften … Betrachten Sie ihn mit Freundlichkeit. Auch dies ist ein Mensch, der glücklich sein will. Der in Frieden und Harmonie, in guten Beziehungen mit anderen Menschen leben will …

Möge er oder sie frei von Leiden sein, gesund, ein erfülltes Leben führen … Achten Sie darauf, dass die Gefühle von Freundlichkeit, Wärme und Zuneigung im Vordergrund bleiben. Vielleicht finden Sie es hilfreich, das Bild oder die Vorstellung dieser Person etwas kleiner zu machen, den Abstand etwas vergrößern … Und erlauben Sie sich innerlich zu lächeln, leicht und gelöst zu bleiben … und lassen allmählich die Vorstellung von dieser Person gehen …

Spüren aber weiterhin die Offenheit und Wärme in Ihrem Herzen.

Dann stellen Sie sich vor, wie Sie selbst, der Freund und die Freundin, die neutrale und auch die schwierige Person zusammen sind. Jeder dieser Menschen so wie er ist. Mit seinen besonderen Wünschen und Fähigkeiten. Und sie alle mit dem gemeinsamen Wunsch glücklich, zufrieden und unversehrt zu sein … Öffnen Sie sich sowohl für die Einzigartigkeit wie auch das Gemeinsame dieser vier Menschen. Möge jeder von ihnen in seiner eigenen Weise glücklich sein und Erfüllung im Leben finden … Machen Sie sich nichts vor, wenn Ihr Wohlwollen zu den einzelnen noch nicht gleich stark ist. Öffnen Sie sich einfach weiter, so weit, wie es eben geht …

Und dehnen Sie so die Gefühle von Metta noch weiter aus, zu den Menschen im Haus und in der Nachbarschaft …

Mögen auch sie alle jeweils auf die eigene Weise wohlauf und glücklich sein. Mögen sie Freude, Zuversicht im Leben und Erfüllung ihrer Wünsche finden …

Dann lassen Sie die Gefühle von Metta noch weiter ausstrahlen. In die Stadt hinein oder das umgebende Land. Zu allen Menschen dort. Mögen sie alle jeder auf seine Weise glücklich und zufrieden sein … Alte und junge Menschen, in diesem Land, in den Nachbarländern. Kranke und gesunde in allen Erdteilen. Mögen sie alle glücklich, zufrieden, wohlauf sein …

Und auch alle Tiere und was es immer sonst an Lebewesen geben mag, die Glück empfinden können auf unserem Planeten – im ganzen Universum und zu allen Zeiten. Mögen sie alle glücklich sein. Möge ihr Leben gut sein. Mögen sie sich wohlfühlen …

Nun hören Sie auf sich zu bemühen und spüren Sie einfach die Weite, die Offenheit des Herzens und erlauben Ihrer Meditationsübung nachzuwirken und noch tiefer in sie einzusinken …

Dann ganz allmählich treten die Empfindungen Ihres Körpers und auch die Eindrücke aus der Umgebung wieder mehr in Ihr

Gewahrsein und wenn Sie mögen, dann bewegen Sie ganz sanft die Finger und die Zehen und wenden Sie vielleicht zwei-, dreimal vorsichtig den Kopf zur einen und zur anderen Seite. Und spüren wieder mehr die Empfindungen und die Lebendigkeit Ihres Körpers. Irgendwann dann öffnen sich Ihre Augen. Lassen Sie den Blick noch sanft und weich bleiben und wenn Sie dann in Ihrer eigenen Zeit behutsam zurückkommen, nehmen Sie das Gefühl von Freundlichkeit und zugleich von Achtsamkeit für sich selbst und andere mit in Ihre nächsten Tätigkeiten hinein.

## 4.6 Übung zur Neuroplastizität

### Übung 17: Das positive Aufnehmen – eine Übung von Rick Hanson[150]

Nehmen Sie wieder eine angenehme Sitzposition ein und konzentrieren Sie sich auf Ihre Haltung. Strecken Sie gut die Lenden, die Wirbelsäule und den Nacken und ziehen Sie das Kinn zurück. Konzentrieren Sie sich insbesondere auf die Ausatmung. Atmen Sie tief und lang aus, gehen Sie bis zum Ende der Ausatmung. So konzentriert sich die Energie unterhalb des Nabels und das Hara (das Energiezentrum) wird stark. Der Geist kann fest und ruhig werden. Diese Festigkeit und Ruhe erlaubt es, in seinem Leben klar zu sehen, die Wirklichkeit so zu sehen, wie sie ist, nicht durch unsere Gefühle verändert. Sie ist die Basis für die Übung:

Vielleicht verspüren Sie so schon jetzt einen gewissen Grad von Entspannung in Ihrem Körper. Vielleicht spüren Sie, dass sich beim Ausatmen Entspannung und Leichtigkeit einstellen. Die Übung ist jeweils aufgeteilt in drei Schritte und wir beginnen mit dem ersten Schritt – dem Aufnehmen des Positiven. Wir können eine positive Erfahrung für uns selbst kreieren – das kann schon durch kleine Veränderungen möglich sein, indem wir zum Beispiel länger ausatmen als gewöhnlich. So können wir uns dabei unterstützen, uns entspannter zu fühlen, oder wir stellen uns vor, dass wir am Strand in der warmen Sonne liegen und angenehm faul sind. Schauen wir also, dass wir eine positive Erfahrung der Entspannung erleben oder aktivieren können.

Schon eine kleine Erfahrung der Entspannung ist ausreichend. Was auch für jede andere positive Erfahrung in diesem Programm zutrifft.

Oft unterschätzen wir den Wert von Erfahrungen, die mit einem leicht positiven Gefühl einhergehen.

Mit dieser positiven Erfahrung, die wir nun aktiviert haben, gehen wir zum zweiten Schritt beim Aufnehmen des Positiven über. Wir vertiefen und erweitern die Erfahrung, um sie in unserem Gehirn einzuprägen – dafür laden wir uns ein, in dem Gefühl der Entspannung, das wir jetzt spüren, zu verweilen. Wir erlauben es, diese Entspannung noch etwas zu vertiefen – so schaffen wir für ein paar Sekunden in unserem Geist ein Zufluchtsort für diese Erfahrung.

Wir lassen die Erfahrung so intensiv wie möglich werden ohne jede Anstrengung. Wir geben uns dieser Erfahrung hin, sodass sie unseren Geist durchdringt, auch wenn es nur eine milde Erfahrung ist. Wir spüren die Entspannung im ganzen Körper – unsere Füße entspannen sich – der Kiefer entspannt sich – unser Geist entspannt sich – wir fühlen die Erleichterung und Freude in dieser Erfahrung und spüren, wie wir dadurch bereichert werden. Das wird auch dazu beitragen, dass die Erfahrungen in unserem Gehirn aufgenommen werden können.

Achten Sie hin und wieder auch auf verschiedene Aspekte der Entspannung – Nuancen der Erfahrung, die neu für Sie sind – auf die Sie bisher nicht geachtet haben. Ein Beispiel ist die Empfindung, die Sie spüren, wenn sich Ihre Oberschenkel entspannen oder die Farbe, die Sie wahrnehmen, wenn Ihre Augen geschlossen sind und Sie sich tief entspannen.

Für diesen zweiten Schritt beim Aufnehmen des positiven, dem Vertiefen und Erweitern der Erfahrung, können Sie Aspekte der Erfahrung spüren, die für Sie besonders relevant sind.

Wie kann es uns in unserem Alltag zum Beispiel helfen, wenn wir zumindest manchmal etwas entspannter sind? Wie würde sich das anfühlen?

Der dritte Schritt beim Aufnehmen des Positiven, das Verinnerlichen der Erfahrung, überschneidet sich meist mit dem zweiten Schritt. Wir richten unsere Aufmerksamkeit darauf, wie diese Erfahrung in uns einsinkt und ein Teil von uns wird – indem wir beabsichtigen und spüren, dass die Erfahrung die Struktur unseres Gehirns, unseres Seins und unseres Lebens prägt.

Wir können uns zum Beispiel vorstellen, dass wir diese positive Erfahrung aufsaugen – sowie Wasser von einem Schwamm aufgesaugt wird – oder wie unser Gesicht an einem kalten Tag die Sonne aufnimmt – oder wie die Wärme einer Tasse Tee in unsere Hände übergeht – oder wie ein Juwel, den wir in die Schatztruhe unseres Herzens legen – oder aber wir vergegenwärtigen uns einfach konzeptuell, dass diese Erfahrung ganz natürlich in uns einsinken wird, wenn wir sie wertschätzen und darin verweilen.

In dieser Erfahrung der Entspannung spüren wir, dass es keinen Grund dafür gibt, sich dem Leben zu verschließen oder sich davor zu schützen. Wir lassen uns weicher werden und fühlen uns sicherer – wir müssen nicht gegen das Leben kämpfen oder ihm Widerstand leisten.

Wir können unnötige Ängste loslassen, während wir uns immer entspannter fühlen, und das Grundbedürfnis nach Sicherheit wird immer stärker erfüllt.

Nun lassen wir das Gefühl der Entspannung in den Hintergrund treten und wenden uns dem Gefühl der Dankbarkeit zu – durch das wir das Grundbedürfnis nach Zufriedenheit erfüllen können.

Ich werde uns ein weiteres Mal durch die drei Schritte beim Aufnehmen des Positiven führen und jedes Mal etwas weniger Anleitung geben – denn Sie werden mit der Zeit immer sicherer dabei werden. Während des ersten Schrittes beim Aufnehmen des Positiven, eine positive Erfahrung erleben, können wir darauf achten, ob wir schon ein Gefühl der Dankbarkeit oder Wertschätzung für das spüren, was uns gegeben wurde.

Diese Dankbarkeit kann entweder im Vordergrund oder im Hintergrund des Gewahrseins sein. Vielleicht spüren wir im Hintergrund des Gewahrseins, dass wir in relativ sicheren und glücklichen Umständen leben, oder wir sind froh darüber, dass wir verschiedene Fertigkeiten, Talente oder finanzielle Möglichkeiten haben, oder wir spüren einfach ein grundlegendes Gefühl der Freude über das Geschenk eines menschlichen Lebens.

Wenn diese Erfahrungen der Dankbarkeit, die schon im Gewahrsein anwesend sind, im Hintergrund spürbar sind, dann können wir sie in den Vordergrund des Gewahrseins bringen.

Wir können uns vorstellen, dass das Gewahrsein eine Bühne ist. Wir nehmen Erfahrungen, die schon auf der Bühne des Gewahrseins sind, wahr. Wir erleben die Erfahrung, sind uns ihrer aber nicht voll bewusst und bringen sie in das Scheinwerferlicht der Aufmerksamkeit – in den Vordergrund des Gewahrseins.

Wir können auch eine Erfahrung der Dankbarkeit erzeugen, indem wir uns einige Momente Zeit nehmen über Dinge in unserem jetzigen Leben oder in der Vergangenheit zu reflektieren – für die wir dankbar sind, oder die wir wertschätzen.

Wenn wir eine positive Erfahrung erzeugen wollen, dann sorgen wir dafür, dass die Kenntnis einer positiven Tatsache zum Gefühl einer positiven Erfahrung werden kann.

Nun hat sich hoffentlich zumindest ein mildes Gefühl der Dankbarkeit eingestellt, so dass wir zum zweiten Schritt beim Aufnehmen des Positiven übergehen können – bei dem wir diese Erfahrung vertiefen und erweitern. Dies erreichen wir dadurch, dass wir die Dauer der Erfahrung verlängern, sie schützen und darin verweilen.

Wir können die Erfahrung auch intensiver spüren – die Dankbarkeit in unserem Geist stärker werden lassen. Wir können uns diesem Gefühl der Dankbarkeit überlassen, um die Intensität der Erfahrung noch zu verstärken. Wir können sie im Körper spüren oder gar eine Geste machen, um ein Gefühl der Dankbarkeit zum Ausdruck zu bringen, damit es immer lebendiger für uns wird. Solch eine Geste könnte sein, dass wir unsere Hände aufs Herz legen – so als ob das Geschenk nun in unser Herz gelegt wird.

Wir können die Erfahrung noch weiter vertiefen, indem wir Aspekte bemerken, die neu oder anders sind, um die Erfahrung für uns lebendig zu halten, und wir können darauf achten, in welcher Weise es für uns persönlich besonders relevant sein könnte, wenn wir etwas dankbarer werden.

Der dritte Schritt beim Aufnehmen des Positiven, das Verinnerlichen, überschneidet sich mit dem zweiten Schritt. Hier können wir spüren und beabsichtigen, dass Dankbarkeit in uns einsinkt. Vielleicht wie ein sanfter belebender Balsam, den wir in innere Orte bringen, die am Ende ihrer Kräfte waren oder schmerzhaft sind.

Wenn wir langsam mehr Dankbarkeit verspüren und uns hoffentlich durch diese Erfahrung verändern lassen und etwas dankbarer werden, kann dieses Gefühl zu einer Art Boden werden. Wenn dies geschieht, dann spüren wir oft, dass negative Inhalte schwächer werden oder sich auflösen: Gier, das Nachjagen nach angenehmen Erlebnissen, innere Getriebenheit, Gefühle des Versagens und der Frustration, weil wir ein Ziel nicht erreicht haben. Wir spüren eine innere Zufriedenheit und Fülle – hier und jetzt –, während wir in der Erfahrung der Dankbarkeit baden.

Lassen wir nun das Gefühl der Dankbarkeit wieder in den Hintergrund des Geistes treten. Wir fokussieren uns nun auf das dritte Grundbedürfnis – nach Verbundenheit. Hier möchte ich Sie ermutigen über schöne Erlebnisse mit Freunden zu reflektieren. Während des ersten Schrittes – beim Aufnehmen des Positiven –, bei dem wir eine positive Erfahrung erleben, fällt Ihnen vielleicht sofort ein solches Erlebnis mit Freunden ein, weil Sie gerade schöne Erlebnisse mit Freunden erleben. Zusätzlich können Sie aber auch an andere Zeiten denken, wo Sie mit Freunden Spaß hatten oder Sie sich auf besondere Weise verbunden gefühlt habt. Vielleicht war es erst vor kurzem oder ist schon eine Weile her – vielleicht war es auch in Ihrer Kindheit, als Sie mit Ihren Freunden so richtig Spaß hatten. Für die nächsten zehn Sekunden erinnern Sie sich an eine positive Erfahrung der Freude mit Freunden und aktivieren sie.

Wie fühlt es sich an, mit Freunden Spaß zu haben – mit anderen Worten, fühlten Sie sich gemocht, dazugehörig. Wie ist es, wenn wir spüren, dass andere uns mögen. Wie fühlt es sich an, wenn wir uns zugehörig fühlen. Wie fühlt es sich an, wenn wir spüren, dass andere mit uns zusammen sein wollen. Es ist ganz normal, wenn auch andere Gefühle aufsteigen. Zum Beispiel, dass wir nicht gemocht werden oder uns wünschen, von anderen mehr Wertschätzung zu erfahren. Es ist auf jeden Fall völlig normal und natürlich, wenn solche Empfindungen aufsteigen, die wir einfach als negative Inhalte bezeichnen können. Aber wir bringen trotzdem unsere Aufmerksamkeit zurück zu der positiven Erfahrung, die wir uns selbst geben wollen – in diesem Fall also die Erfahrung, von anderen Menschen gemocht zu werden, weil wir Spaß mit Freunden erleben. Wenn wir zumindest ein gewisses Gefühl dafür haben, wie es sich anfühlt, mit Freunden Freude zu erfahren, dann können wir zum zweiten Schritt übergehen. Wir vertiefen die Erfahrungen, indem wir sie ausdehnen, darüber reflektieren und in unserem Geist immer wieder den Film abspielen, der diese positive Erfahrung zeigt. Wir können verschiedene Aspekte dieser Erfahrung der Freude mit Freunden untersuchen und sie intensiver werden lassen. Untersuchen Sie für die nächsten 15 Sekunden, wie es sein könnte, die Erfahrung der Freude mit Freunden zu vertiefen und zu bereichern.

Nun kommen wir zum dritten Schritt und lassen diese Erfahrungen in uns einsinken. Wie immer die Erfahrung aussehen mag – Freude, Lebendigkeit, das Gefühl, dass wir anderen wichtig sind, oder das andere mit uns verbunden sein möchten, weil wir humorvoll oder sympathisch sind –, was immer es sein mag, wir spüren, wie die positive Erfahrung, die wir aktiviert und stabilisiert haben, in uns einsinkt. Diese Erfahrung, auch wenn sie nur mild ist, sinkt in uns ein, während wir in die Erfahrung einsinken. Wenn wir die positiven Erfahrungen durch die Freude mit Freunden verinnerlichen, spüren wir auch das Gefühl, dass unsere Bedürfnisse nach Beziehungen mit anderen erfüllt werden. Die Bedürfnisse werden natürlich nicht vollkommen und für immer erfüllt, und das ist auch völlig in Ordnung – aber, diese Bedürfnisse werden zumindest teilweise erfüllt, und wenn diese positive Erfahrung in uns einsinkt und wir spüren, dass einige Bedürfnisse erfüllt werden, dann vermindert sich die Anhaftung, das Festhalten oder die Unzufriedenheit in Beziehungen – stattdessen stellt sich ein Gefühl der Leichtigkeit und Ausgeglichenheit in den Beziehungsaspekten unseres Lebens ein.

Dann langsam wieder aus der Meditation rausgehen.

## 4.7 Weiterführende Übung und Meditation

### Übung 18: Das eigene Leben ausrichten – worum soll es wirklich gehen?

Folgende Impulse helfen, in Kontakt mit der tiefen Sehnsucht nach einem persönlich gut gelebten Leben zu bleiben. Mit dem Bewusstsein unserer Endlichkeit eröffnet sich der Raum, das eigene Leben so auszurichten, dass wir weniger Bedauern anhäufen und erfüllende Tiefe erfahren können:

- Was könnte ich aktuell über mein Leben sagen? Welchen Titel hat es, wenn es verfilmt würde? Was würden Menschen derzeit nach meinem Tod über mich sagen? Was möchte ich über mein Leben sagen oder wünsche ich mir, dass andere sagen? Was kann ich tun, um dem näherzukommen?
- Wie sieht der letzte Tag in meinem Leben aus? Was tue ich, womit beschäftige ich mich?
- Wonach ist der Kompass meines Lebens ausgerichtet? Welchen Werten folge ich? Sind es meine Werte?

## Übung 19: Vergangenheit beenden

Schließen Sie die Augen und stellen Sie sich vor, vor Ihnen ist ein freier Platz, vielleicht so etwas wie eine Bühne, und auf dieser Bühne spielt sich im Zeitraffer Ihr ganzes Leben ab, von der Geburt zu irgendeinem Zeitpunkt der Nachkriegszeit an, oder für manche noch während der Kriegszeit oder davor und für andere viel später. Die Eltern — genau diese Eltern, die da waren, keine anderen, das Heranwachsen, die Schule, Geschwister, Freunde, Beziehungen, Beruf, Trennungen, Lebensgefährten, neue Beziehungen, Arbeiten, die sich verändern usw. – alles im Zeitraffer. Alles war da auf der Bühne und jetzt gehen Sie nach innen und nehmen Sie wahr, was Sie fühlen. Sagen Sie jetzt einen Satz, den Sie einfach auch sagen können, um zu entdecken, was er für Gefühle auslöst. Dieser Satz lautet: »Alles, was war, durfte genau so sein, wie es war. Alles, was jetzt ist, darf genau so sein, wie es ist.« (Pause)

Jetzt können wir noch einen Schritt zusätzlich machen. Stellen Sie sich vor, dass auf dieser Bühne Ihre Eltern stehen und Geschwister und die Großeltern und die Urgroßeltern dahinter und es werden immer mehr, vier Großeltern, acht Urgroßeltern und bis zum Horizont sind es unendlich viele, die alle Ihre Ahnen sind. Jetzt schauen Sie auf sie und sagen: »Ich nehme euch alle in meinen Geist hinein (kurze Pause) – mit allem Guten und allem Schlimmen – euch alle.« (Pause) Wahrnehmen, was das auslöst. (Pause) Und dann die Augen wieder öffnen.

# Abschlussanleitung für Ihren Weg

Wenn Sie zehn Sekunden am Tag übrig haben, dann lächeln Sie!

Wenn Sie eine Minute am Tag übrig haben, dann atmen Sie!

Wenn Sie zehn Minuten am Tag übrig haben, dann meditieren Sie!

Wenn Sie fünfzehn Minuten am Tag übrig haben, dann gehen Sie spazieren!

Und schreiben Sie ein Dankbarkeitstagebuch!

*Die Autoren*

# Dank

Manchmal hat man einfach Glück. Glück, weil es wunderbare Menschen gibt in unserem Umfeld, die auf ihre Art und Weise zum Gelingen dieses Buches beigetragen haben. Insbesondere bedanken wir uns bei Jutta Hörnlein, der Lektorin beim Wiley-VCH Verlag.

# Quellen und Literaturverzeichnis

Aquin, Thomas von: *Über das Seiende und das Wesen*, Wiesbaden 2014

Aristoteles: *Metaphysik*, Hamburg 1999

Aristoteles: *Die Nikomachische Ethik*, München 1991

Aronson, E.; Wilson, T. D., & Aktert, R. M.: *Social Psychology*, Upper Saddle River, NJ 2002

Bayda, Ezra: *Wahres Glück. Der Zen-Weg zu tiefer Zufriedenheit*, Freiburg 2013

Ben-Shahar, T.: *Glücklicher – Lebensfreude, Vergnügen und Sinn finden mit dem populärsten Dozenten der Harvard University*, New York 2007

Binswanger, M.: *Die Tretmühlen des Glücks – Wir haben immer mehr und werden nicht glücklicher. Was können wir tun?* Freiburg im Breisgau 2006

Bormans, L. (Hsg): *Glück. The World Book of Happiness*, Köln 2012

Brisch,K.: *Bindungsstörungen: Von der Bindungstheorie zur Therapie*, Stuttgart 2017

Bucher, A.: *Psychologie des Glücks*. Ein Handbuch, Basel 2009

Calhoun, R. G., & Tedeschi, L. G.(Eds.): *The handbook of post traumatic growth: Research and practice*, Mahwah, NJ 2006

Cornell, A. W.: *Focusing – der Stimme des Körpers folgen*, Reinbek 2013

Christ, J., & Schmidkonz, C.: »Analyse von Mitarbeiterglück anhand eines Quintuple-Bottom-Line-Modells am Beispiel der Generation Y in Deutschland«, in: *Der Betriebswirt*, 3/2016, S. 20-24

Csikszentmihalyi, M.: *Flow – The Psychology of Optimal Experience*, New York 1990

Dalai Lama, Desmond Tutu & Abrams, D.: *The Book of Joy. Lasting Happiness in a Changing World*, New York 2016

Darwin, C.: *Die Entstehung der Arten*, Hamburg 2008

Diener, E., & Biswas-Diener, R.: *Happiness – Unlocking the Mysteries of Psychological Wealth*, Malden 2008

Dunn, E., & Norton, M. (2013). *Happy Money – The Science of Happier Spending*, New York 2013

Dunn, E., Gilbert, D., & Wilson, T.: »If money doesn't make you happy, then you probably aren't spending it right«, in: *Journal of Consumer Psychology*, 21/2011, S. 115-125

Ekman, P.: *Gefühle lesen: wie Sie Emotionen erkennen und richtig interpretieren*, Berlin-Heidelberg 2016

Epikur: *Der Weg zum Glück*, Köln 2011

Felbermayr, G., Battisti, M., & Suchta, J.-P.: »Lebenszufriedenheit und ihre Verteilung in Deutschland: Eine Bestandsaufnahme«, in: *ifo Schnelldienst*, 9/2017, S. 19-30

Frank, R. H.: *Luxury Fever – Why Money Fails to Satisfy In an Era of Excess*. New York 1999

Frankl, V. E.: *Der Mensch vor der Frage nach dem Sinn*, München 2003

Gallup GmbH: *Engagement Index Deutschland 2013*, Berlin 2014

Gallup, Inc.: *State of the Global Workplace – Employee Engagement Insights for Business Leaders Worldwise*, Washington 2013

Gering R.J., & Zimbardo P.G.: *Psychologie*, Berlin – Heidelberg 1995

Haidt, J.: *Die Glückshypothese: was uns wirklich glücklich macht. Die Quintessenz aus altem Wissen und moderner Glücksforschung*. Kirchzeiten 2014

Hanh, Thich Nhat: *Das Herz von Buddhas Lehre*, Freiburg 2013

Hanson, R., & Richard, M: *Das Gehirn eines Buddha. Die angewandte Neurowissenschaft von Glück, Liebe und Weisheit*, Freiburg 2010

Harris, R.: *ACT leicht gemacht. Ein grundlegender Leitfaden für die Praxis der Akzeptanz- und Commitment-Therapie*, Freiburg im Breisgau 2014

Harris, R.: *Wer dem Glück hinterherrennt, läuft daran vorbei*, München 2013

Harris, R., & Kleinschmidt, B.: *Wer vor dem Schmerz flieht, wird von ihm eingeholt*, München 2013

Helliwell, J., Layard, R., & Sachs, J.: *World Happiness Report 2017*, New York 2017

Helferich, Christoph: *Geschichte der Philosophie. Von den Anfängen bis zur Gegenwart und Östliches Denken*, München 1999

Hershfield, H. E., Mogilner, C., & Barnea, U.: »People Who Choose Time Over Money Are Happier«, in: *Social Psychological and Personality Science*, 7/2016, S. 697-706

Hsieh, Tony: *Delivering Happiness – A path to profits, passion and purpose*, New York 2010

Hurst, A.: *The Purpose Economy – How Your Desire for Impact, Personal Growth and Community Is Changing the World*, Elevate 2014

Hirschhausen, Eckart von: *Glück kommt selten allein*, Berlin 2011

Ideka, Daisaku: *Das Buch vom Glück. Das buddhistische Verständnis vom Leben und Tod*, Freiburg im Preisgau 2014

Johann, T., & Möller, T. (Hrsg): *Positive Psychologie im Beruf. Freude an Leistung entwickeln, fördern und umsetzen*, Wiesbaden 2013

Kabat-Zinn, J.: *Gesund durch Meditation*, München 2013

Kahneman, D., & Deaton, A.: »High income improves evaluation of life but not emotional well-being«, in: *Proceedings of the National Academy of Sciences of the United States of America, 107*(38)/2010, S. 16489-16493, http://www.pnas.org/content/107/38/16489.full

Kant, Immanuel: *Die drei Kritiken*, Köln, 2015

Klein, Stefan: *Die Glücksformel*, Hamburg 2002

Kleinert, Markus: *Kierkegaard zum Vergnügen*, Stuttgart, 2013

Kondo, M.: *Magic Cleaning: Wie richtiges Aufräumen Ihr Leben verändert*, Reinbeck 2013

Layard, R.: *Happiness – Lessons from a new Science*, London 2005

Lesch, Harald, & Vossenkuhl, Wilhelm: *Die Großen Denken*, München 2013

Lindenberger, U., & Schneider, W. (Hrsg): *Entwicklungspsychologie*, Weinheim 2012

Lyubomirsky, S.: *Glücklich sein – Warum Sie es in der Hand haben, zufrieden zu leben*, Frankfurt am Main 2013

Lyubomirsky, S.: *The Myths of Happiness – What Should Make You Happy, but Doesn't; What Shouldn't Make you Happy, but Does*, New York 2013

Ludwig, R.: *Philosophie für Anfänger von Sokrates bis Sartre*, München 2015

Lutz, Manfred: *Wie Sie unvermeidlich glücklich werden. Eine Psychologie des Gelingens*, Gütersloh 2015

Mannschatz, M.: *Buddhas Anleitung zum Glücklichsein. Das Übungsbuch*, München 2012

Martens, E.: *Stechfliege Sokrates. Warum gute Philosophie wehtun muss*, München 2015

Metzner, M.S.: *Achtsamkeit und Humor. Das Immunsystem des Geistes*, Priem am Chiemsee 2013

Muho, Abt: *Zazen oder der Weg zum Glück*, Reinbek 2007

Mingyur, Yongey Rinpoche: *Buddha und die Wissenschaft vom Glück*, München 2007

Neff, K.: *Selbstmitgefühl – Wie wir uns mit unseren Schwächen versöhnen und uns selbst der beste Freund werden*, München 2012

Nietzsche, Friedrich: *Der Wanderer und sein Schatten*, Köln 2012

Ohne Autor: *Die Philosophie der Stoa*. Ausgewählte Texte, Stuttgart 2001

Ohne Autor: *Wörterbuch der philosophischen Begriffe*, Hamburg 2013

OECD: *OECD Guidelines on Measuring Subjective Well-being*, Paris 2013

OECD: *How's Life?* 2015, Paris 2015

Oswald, A., Proto, E., & Sgroi, D.: *Happiness and Productivity*, Warwick 2014

Peterson, C., Park, N., & Seligman, M.:«Orientations to happiness and life satisfaction: The full life versus the empty life«, in: *Journal of Happiness Studies, 6/2015,* S. 25-41

Peseschkian, Nossrat: *Der Kaufmann und der Papagei*, Frankfurt a.M. 1992

Pfaff, T.: *Das Bruttonationalglück aus ordnungspolitischer Sicht – eine Analyse des Wirtschafts- und Gesellschaftssystems von Bhutan*, Berlin 2011

*Philosophie Magazin*: »Und woran zweifelst du. Leitfaden für das postfaktische Zeitalter« 03/2017

Platon: *Hauptwerke*, Stuttgart 1973

Polard, Andrea F.: *Auf zwei Flügeln zum Glück. Die Verschmelzung östlicher und westlicher Denkweisen*, Berlin 2014

Poon Tip, B. (2013). *Looptail – How one Company Changed the World by Reinventing Business*, New York 2013

Precht, Richard David: *Erkenne die Welt. Eine Geschichte der Philosophie*, München 2015

Ricard, M.: *Glück*, München 2009

Rogers, C.R.: *Die klientenzentrierte Gesprächspsychotherapie*, Frankfurt am Main 1983

Raffelhüschen, B., & Schlinkert, R.: *Deutsche Post Glücksatlas 2016*, München 2016

Schleichert, H., & Roetz, H.: *Klassische chinesische Philosophie. Eine Einführung*, Frankfurt 2009

Schmitt, B.: *Happy Customers Everywhere – How Your Business Can Profit from the Insights of Positive Psychology* (1 Ausgabe), New York 2012

Schmid, W.: *Unglücklichsein*. Eine Ermutigung, Berlin 2013

Schmid, W.: *Glück. Alles was Sie darüber wissen müssen, und warum es nicht das Wichtigste im Leben ist*, Berlin 2007

Schneider, M.: *Stressfrei durch Meditation*, München 2010

Seligman, M.E.P.: *Der Glücks-Faktor – warum Optimisten länger leben*, Köln 2005, 2012

Seligman, M.E.P.: *Pessimisten küsst man nicht. Optimismus kann man lernen*, München 1991

Seneca: *Handbuch des Glücklichen Lebens*, Köln 2011

Siwiecki, C.: *Was ist Glück(seligkeit)? Theorien des Aristoteles, Augustinus und Thomas von Aquin*, Norderstedt 2009

Solnick, S., & Hemenway, D.: »Is more always better?: A survey on positional concerns«, in: *Journal of Economic Behavior & Organization, 37*(3)/1998, S. 373-383

Steiner, A.D.: *Das Ethik-Prinzip. Die Kunst als Manager ethisch zu entscheiden*, München 2003

Steiner, A.D., & Uber, H.: *Das Lachprinzip. Wie man sich erfolgreich, glücklich und gesund lacht*, Frankfurt 2004

Steiner, A.D.: *Die 7 Wege des Samurai. Management und Führung mit fernöstlichen Prinzipien*, Weinheim 2012

Steiner, A.D.: *Business ZEN. Mit Achtsamkeit zu mehr Gelassenheit in der Führung*, Weinheim 2016

Strack, R., von der Linden, C., Booker, M., & Strohmayr, A.: *Decoding Global Talent – 200.000 Survey Respondents on Global Mobility and Emploment Preferences*, Boston 2014

Storch, M., Cantieni B., Hüther, G, & Tschechen, W.: *Embodiment – Die Wechselwirkung von Körper und Psyche verstehen und nutzen*, Bern 2010

Strenger, C.: *Abenteuer Freiheit. Ein Wegweiser für unsichere Zeiten*, Berlin 2017

Strom, Max: *There is no App for Happiness. How to avoid a near-life experience*, New York 2013

United Nations Development Programme: *Human Development Report 2016 – Human Development for Everyone*, New York 2016

Ura, K., Alkire, S., Zangmo, T., & Wangdi, K.: *An Extensive Analysis of GNH Index*, Thimphu 2012

van Boven, L., & Gilovich, T.: »To Do or to Have? That Is The Question«, in: *Journal of Personality and Social Pschology, 85*(6)/2003, S. 1193-1202

Wahnbaeck, C., & Roloff, L.: *After the Binge, the Hangover – Insights into the Minds of Clothing Consumers*, Hamburg 2017

Watzlawick, P.: *Anleitung zum Unglücklichsein*, München 2011

WDR 5 – Hörsendung: *Das philosophische Radio – Lebensziel? – über das Wohlergehen bei Aristoteles*, Köln 2016

Weyers, P., Mühlberger, A., Hefele, C., & Pauli, P.: »Electromyographic responses to static and dynamic avatar emotional facial expressions«, in: *Psychophysiology*, 43/2006, S. 450–453

Wilken, B.: *Methoden der kognitiven Umstrukturierung – Ein Leitfaden für die psychotherapeutische Praxis*, Stuttgart 2012

Wrzeniewski, A. McCauley, C., Rozin, P., & Schwartz, B. (1997). »Jobs, Careers, and Callings: People's Relations to Their Work«. *Journal of Research in Personality* (31), S. 21-33

Zimmer, R.: *Denksport Philosophie*, München 2015

## Internet-Quellen

BuddhaWeg-Sangha vom 9.1.2018 - Zen - Der Weg des Mitgefühls: http://www.buddhaweg.de/Lehre/Artikel/RYR/Zen%20-%20Der%20Weg%20des%20Mitgef%FChls.HTM

Handelsblatt Online-Ausgabe vom 19.11.2013 - Familienunternehmen Sanders »Mein Bauch sagt: Ich darf nicht kaufen«: http://www.handelsblatt.com/unternehmen/mittelstand/familienunternehmen-sanders-glueck-im-unglueck/9076914-2.html

N-TV Online Ausgabe vom 15.1.2008 - Urzustand des Menschen? Die Glückshysterie: http://www.n-tv.de/wissen/Die-Glueckshysterie-article54307.html

Spiegel Online vom 13.3.2016 - Melancholie in der Literatur - So süß kann Traurigkeit sein: http://www.spiegel.de/kultur/literatur/

melancholie-in-der-literatur-so-suess-kann-traurigkeit-sein-a-1080811.html

Der Tagesspiegel vom 17.5.2017 - WHO-Erhebung - Japaner leben am längsten: http://www.tagesspiegel.de/weltspiegel/who-erhebung-japaner-leben-am-laengsten/19815218.html

Zentreasures vom 22.8.2017: http://zentreasures.de/starte-hier/

# Anmerkungen

## Kapitel 1
## Eine Einführung in das Glück

1 Aus Peter De Jong, Insoo Kim Berg: Lösungen (er-)finden - das Werkstattbuch der lösungsorientierten Kurztherapie, Dortmund 2003
2 Quelle unbekannt
3 http://www.wissen.de/wortherkunft/freude
4 Weitere Informationen in Hirschhausens »Glück kommt selten allein«
5 UN-Glücksreport 2012, 2013, 2016, OECD-Better-Life-Index 2015 oder European Social Survey 2012 und 2014
6 Weitere Literatur zum dänischen Glück: Hygge. The Danish Art of Happiness«, »How to Hygge - The Secrets of Nordic Living« oder »The Book of Hygge - The Danish Art of Well Living«, Hygge - ein Lebensgefühl, das einfach glücklich macht«
7 Siehe auch Kleinert, 2013
8 Ob die aktuelle Dänische Politik einen »Hygge-Test« bestehen würde, überlassen wir dem Leser
9 http://www.who.int/gho/mortality_burden_disease/life_tables/situation_trends/en/

## Kapitel 2
## Der Mensch und das Glück

10 Diese Geschichte basiert auf einer alten Hindu-Legende
11 Dies ist nur ein Auszug von Aussagen bekannter und weniger bekannten Dichtern, Philosophen und spirituellen Menschen. Wir erheben hier keinen Vollständigkeitsanspruch, sondern es geht uns mehr darum, Ihnen einen Überblick über die unterschiedlichsten Vorstellungen zu verschaffen
12 Aristoteles (384 - 322 v. Chr.) - Begründer des Empirismus
13 Platon (um 427 - 347 v. Chr.) - Begründer des Rationalismus
14 spielt auf das Höhlengleichnis an
15 Siddharta Gautama (um 563 - 483 v. Chr.) - Begründer des Buddha Dharma
16 Epikur (341 - 270 v. Chr.) - Begründer des Epikureismus
17 Diogenes von Sinope (um 404 - 323 v. Chr.) - Kyniker
18 Sokrates (469 - 399 v.. Chr.) - Begründer der Dialektischen Methode
19 Kyniker, abgeleitet von kyon (Hund) wurden Denker genannt, die ein einfaches Leben führten
20 Thomas Hobbes (1588 - 1679) - Engländer - Anhänger des Physikalismus
21 John Locke (1632 - 1704) - Anhänger des Empirismus
22 Jeremy Bentham (1748 - 1832) - Anhänger des Utilitarismus
23 Eigentlich wurde dieses berühmt gewordene Schlagwort von Fr. Hutcheson geprägt und von Bentham in Umlauf gebracht
24 Bentham's Ansatz des Lustkalküls - die Maximierung von Lust sowie die Eliminierung von Schmerz - ist die Glücksformel der heutigen Spass- und Erlebnisgesellschaft
25 Friedrich Nietzsche (1844 - 1900) - Anhänger einer Lebensphilosophie
26 Augustinus (354 - 430) - Anhänger des christlichen Platonismus
27 Mohammed, mit vollem Namen Abū l-Qāsim Muhammad ibnʿAbd Allāh ibnʿAbd al-Muttalib ibn Hāschim ibn ʿAbd Manāf al-Quraschī (zw. 570 u. 573 - 632) Religionsstifter des Islam
28 Dschalāl ad-Dīn Muhammad ar-Rūmī - kurz Rumi genannt (1207 - 1273) ein persischer Sufi-Mystiker
29 Erasmus von Rotterdam (1466 - 1536) - Humanist

30 Thomas von Aquin (1225 - 1274) - Anhänger des Christlichen Aristotelismus
31 Martin Luther (1483 - 1546) - Reformator
32 Empedokles (49 - 430 v. Chr.) - Vorsokratiker
33 Søren Aabye Kierkegaard (1813 - 1855) - Anhänger des Existenzialismus
34 Regine Olsen war Kierkegaards Verlobte - die Verlobung löste er aber nach einem Jahr wieder auf
35 Edgar Allen Poe (1809 - 1849) - Alkohol und Drogen begleiteten ihn fast sein ganzes Leben
36 Zenon von Kition (um 332 - 265 v. Chr.) - Stoiker
37 Plotin (205 - 270 v. Chr.) - Anhänger des Neuplatonismus - Er litt wahrscheinlich an Lepra oder Tuberkulose
38 Emil R. Cioran (1911 - 1995) Rumänischer Dichterphilosoph und Anhänger des Existenzialismus
39 Sophokles (497 - 405 v. Chr.) - Dichter - in seinem Werk »König Ödipus« lässt er den Chor den o.g. Satz sagen
40 Hegesias (lebte im späten 4. und frühen 3. Jahrhundert v. Chr.) - Kyrenaiker
41 Epikur (341 - 270 v. Chr.) - Begründer des Epikureismus
42 Brief an Menoikeus, 129
43 Immanuel Kant (1724 - 1804) - Anhänger eines Transzendentalen Idealismus - Er war bekannt für einen ausgesprochenen Ordnungssinn mit Hang zur Pedanterie
44 Johann Gottlieb Fichte (1762 - 1814) Anhänger des Idealismus
45 Voltaire (1694 - 1778) - Anhänger des Skeptizismus
46 Mihály Csíkszentmihályi geboren 1934 - Psychologe und Begründer der Flow-Lehre
47 Bertrand Russell (1872 - 1970) - Anhänger der Analytischen Philosophie
48 Adam Smith (1723 - 1790) - Anhänger der klassischen Ökonomie
49 Ernst Bloch (1885 - 1977) - Anhänger des Neomarxismus
50 Konfuzius (551 - 479 v. Chr.) - Begründer des Konfuzianismus
51 Mozi (um 470 - 391 v. Chr.) - Begründer des Mohismus und Gegner von Konfuzius
52 Laotse (um 6. Jh. v. Chr.) - Begründer des Daoismus
53 René Descartes (1596 - 1650) - Anhänger des Rationalismus
54 Arthur Schopenhauer (1788 - 1860) - Anhänger des Idealismus
55 Francis Bacon (1561 - 1626) - Empirist
56 Mary Wollstonecraft (1759 - 1797) - Feministin
57 Nietzsche war sein ganzes Leben geplagt durch Krankheiten und Migräne und litt am Ende seines Lebens an einer Geisteskrankheit
58 Sigmund Freud (1856 - 1939) - Begründer der Psychoanalyse
59 Aus Peseschkians »Der Kaufmann und der Papagei«
60 bekannte Vertreter: Sigmund Freud 1856 - 1939, Carl Gustav Jung 1875-1961
61 bekannte Vertreter: John B. Watson 1878 - 1958, Burrhus F. Skinner 1904-1990
62 gelernte Verknüpfung von Reizen
63 bekannte Ansätze: Voll funktionierende Persönlichkeit nach Carl Rogers (2006), Individuation nach C.G. Jung (1976), Gipfelerlebnisse nach Abraham Maslow (2002), gelingende Identitätsentwicklung nach Erik H. Erikson (1973), persönliche Reifung nach Gordon Allport (1970).
64 Der Zustand des »Flows« wird erreicht, wenn man derart in eine Aktivität vertieft ist, dass man die Umgebung gar nicht mehr wahrnimmt und zum Beispiel auch »vergisst«, wie die Zeit vergeht. Dieser Zustand wird insbesondere erreicht, wenn die Herausforderung der Arbeit seinen Fähigkeiten entspricht und

man sich daher weder langweilt noch gestresst wird. Im Sport wird auch von der »Zone« gesprochen. (Csikszentmihalyi, 1990)

65 Sigmund Freud (1856-1939), Jean Pieaget (1896-1980), Robert Kegan (1964), Jane Loevinger (1918-2008)

66 John Bowlby (1907-1990), Mary Ainsworth (1913-1999)

67 Bindungsstile: sicher: Kinder reagieren adäquat auf Nähe und Distanz von Bezugspersonen (Trennung Weinen, Wiederkehren Freude und Beruhigung), unsicher-vermeidend: Kinder bleiben äußerlich ruhig, erleben aber im inneren Stress, kein Protest bei Trennung, Reaktion mit Ablehnung bei Rückkehr, unsicher – ambivalent: nach Trennung Reaktion mit Klammern versus aggressiver Abweisung, keine Beruhigung; desorganisiert: desorganisiertes, nicht auf Bezugsperson ausgerichtetes Verhalten wie stereotype Bewegungen oder widersprüchliches Verhalten zu Nähe versus Distanz suchen (Erfassung: Fremde Situation Test, Adult Attachment Interview)

68 Heinz Kohut (1913-1981)

69 Abraham Maslow (1908-1970)

70 Aaron Antonovsky (1923-1994)

71 Viktor Frankl (1905-1997)

72 Zitat nach George Eliot, englische Schriftstellerin, 1819-1880, aus Lyubomirsky (2013)

73 Charles Darwin (1809-1882)

74 (1884)

75 (1964)

76 in Anlehnung an Dalai Lama (2016)

77 Thomas Stearns Eliot, Lyriker

78 zitiert aus Neff (2012)

79 Kapitel 3.2.1

80 Papousek und G. Schulter, »Associations between EEG asymmetries and electrodermal lability in low versus high depressive and anxious normal individuals«, in: International Journal of Psychophysiology, 41, 2001, S. 105-117,

81 Strack, F, Martin, L. L & Stepper, S. (1988). Inhibiting and Facilitating Conditions of the Human Smile: A Nonobtrusive Test of the Facial Feedback Hypothesis, Journal of Personality an Social Psychology, 54, 768-777.

82 Eduardo Lora in Bormans (Hrsg) (2012)

83 Claire Beazley in Bormans (Hrsg) (2012)

84 Christa Schyboll, Autorin

85 Thornton Wilder, Schriftsteller

86 in Anlehnung an D. Lama (2016)

87 Dalai Lama (2016)

88 Siehe Übungen in Kapitel 4 – Atempause

89 Quelle:aus »Entangling Vines: A Classic Collection of Zen Koans« - wurde im Jahre 1750 zusammengestellt - der Autor ist unbekannt

90 Japanische Zen-Geschichte

91 Quelle ist aus einer CD von Jon Kabat Zinn »Gesund durch Meditation: Die Übung der Achtsamkeit«

92 Altes Zen-Sprichwort

93 Japanische Zen-Geschichte

94 Quelle unbekannt

95 Alle Übungen, die in den Praxisfällen der Business Coachings vorkommen, sind im Kapitel 4: Meditationen und andere Übungen ausführlich beschrieben

96 Aus Gründen der Schweigepflicht als Coaches und Psychotherapeuten wurden die Namen geändert

## Kapitel 3
## Glücksökonomie, oder: Wo lebt es sich am glücklichsten?

97 Quelle: brand eins – Hektik in Bhutan – Ausgabe 03/2008

98 Die vollständige Rede kann auf der Website der John F. Kennedy Presidential Library unter https://www.jfklibrary.org/Research/Research-Aids/Ready-Reference/RFK-Speeches/Remarks-of-Robert-F-

Kennedy-at-the-University-of-Kansas-March-18-1968.aspx nachgelesen werden. Hier eine Übersetzung des oben abgedruckten Ausschnitts durch den Autor ins Deutsche: »Zu viel und für zu lange schienen wir persönliche Vortrefflichkeit und Gemeinschaftswerte für die bloße Anhäufung materieller Dinge aufgegeben zu haben. Unser Bruttosozialprodukt beträgt jetzt mehr als 800 Milliarden Dollar pro Jahr, aber dieses Bruttosozialprodukt - wenn wir die Vereinigten Staaten von Amerika dadurch beurteilen - dieses Bruttoinlandsprodukt zählt Luftverschmutzung und Zigarettenwerbung und Krankenwagen, um unsere Autobahnen vom Massentod zu räumen. Es zählt spezielle Schlösser für unsere Türen und die Gefängnisse für die Menschen, die sie aufbrechen. Es zählt die Zerstörung der Redwoods und den Verlust unserer Naturwunder durch chaotische Zersiedelung. Es zählt Napalm und zählt Atomsprengköpfe und Panzerwagen für die Polizeikräfte, um die Unruhen in unseren Städten zu bekämpfen. Es zählt Whitmans Gewehre und Specks Messer und die Fernsehprogramme, die Gewalt verherrlichen, um Spielzeug an unsere Kinder zu verkaufen. Das Bruttosozialprodukt berücksichtigt jedoch weder die Gesundheit unserer Kinder noch die Qualität ihrer Ausbildung oder die Freude am Spielen. Es beinhaltet nicht die Schönheit unserer Poesie oder die Stärke unserer Ehen, die Intelligenz unserer öffentlichen Debatte oder die Integrität unserer Beamten. Es misst weder unseren Verstand noch unseren Mut, weder unsere Weisheit noch unser Lernen, weder unser Mitgefühl noch unsere Hingabe an unser Land, kurz: es misst alles außer das, was das Leben lohnend macht. Und es kann uns alles über Amerika erzählen, außer warum wir stolz darauf sind, Amerikaner zu sein.«

99 Derartige Probleme werden ausführlich beispielsweise im sogenannten »Stiglitz-Sen-Fitoussi Bericht« diskutiert. Die drei Autoren untersuchten bereits 2008 im Auftrag der französischen Regierung Möglichkeiten zur Messung von Wohlstand und gesellschaftlichem Fortschritt. Der Bericht ist einsehbar unter http://ec.europa.eu/eurostat/documents/118025/118123/Fitoussi+Commission+ report

100 Ausführliche Informationen zum Konzept des GNH bietet unter anderem das »GNH Centre Bhutan« unter http://www.gnhcentrebhutan.org/

101 Ura, Alkire, Zangmo, & Wangdi, 2012

102 Der Film »What Happiness Is – Auf der Suche nach dem Glück« von Harald Friedl dokumentiert das Vorgehen und insbesondere die Befragungen im Feld und gibt damit einen lebendigen Einblick in das Bruttonationalglück Bhutans.

103 Pfaff, 2011

104 Die Einzelbefragungen der Bevölkerung werden nicht nur zur Ermittlung des Bruttonationalglücks durchgeführt, sondern immer wieder auch zur Entscheidungsfinden unter anderem bei größeren Infrastrukturprojekten eingesetzt. Wenn beispielsweise eine Straße zu einem Dorf in den Bergen gebaut oder ausgebaut werden soll, wird zunächst die Bevölkerung des Dorfes auch dazu befragt, inwiefern sich das subjektive Wohlbefinden der Bewohner durch den Straßenbau verändern würde. Eine Entscheidung basierend auf potenziellen rein wirtschaftlichen Effekten wird damit ausgeschlossen.

105 OECD, 2013

106 Bei der Catril-Leiter handelt es sich um eine (fiktive) Leiter, auf der die

Befragten ihr Leben auf einer Skala von eins (»Das schlechteste vorstellbare Leben«) bis zehn (»Das beste vorstellbare Leben«) einordnen sollen. Die diesbezügliche Standardfrage lautet: »Bitte stellen Sie sich eine Leiter mit den Stufen von 0 am unteren Ende und 10 am oberen Ende vor. Das obere Ende der Leiter stellt das bestmögliche Leben für Sie dar und das untere Ende der Leiter stellt das schlechtmöglichste Leben für Sie dar. Was würden Sie sagen, auf welcher Stufe der Leiter stehen Sie zurzeit?« Die Leiter ist nach dem US-amerikanischen Psychologen Hadley Cantril benannt.

107 Die Daten des »Thrive«-Indikators (zu Deutsch etwa »prosperieren, blühen«) stammen vom amerikanischen Beratungsunternehmen Gallup.

108 Alle seit 2012 veröffentlichten Berichte sind für das jeweilige Jahr im Internet unter http://worldhappiness.report/ einsehbar.

109 Helliwell, Layard, & Sachs, 2017

110 Über »Hygge«, welches gerne als ein Grund für den Erfolg Dänemarks in derartigen Rankings zitiert wird, haben wir bereits berichtet.

111 Die Daten werden aus den Gallup-Umfragen entnommen. Die Frage zu diesem Indikator lautet dabei: »Haben Sie Verwandte oder Freunde auf die Sie zählen können, wenn Sie in Schwierigkeiten wären, oder nicht?« Eine sehr ähnliche Frage wird im Rahmen der Befragungen zur Ermittlung des »Bruttonationalglücks« in Bhutan gestellt.

112 Jeweils aktuelle Daten und Weltkarten sind im Internet unter http://happyplanetindex.org/ zu finden.

113 Die Website ist unter http://www.oecdbetterlifeindex.org/ zu finden.

114 OECD, 2015

115 Jahresaktuelle Daten und Karten finden sich im Internet unter http://www.gluecksatlas.de/.

116 Quelle der Karte ohne Daten: https://de.wikipedia.org/wiki/Gemeinde_(Deutschland)#/media/File:Germany_adm_location_map.svg

117 Das Wort Konsum ist vom lateinischen Wort *consumere* »verbrauchen« abgeleitet. Streng genommen bedeutet dies, dass Konsum im Sinne von Verbrauch auch ohne den Einsatz von Geld möglich ist, zum Beispiel, wenn Holz aus einem Wald zum Feuermachen verbraucht wird. Wir verwenden hier den Begriff jedoch im volkswirtschaftlichen Sinn, der beinhaltet, dass ein Tauschmittel, hier also Geld, für die Ausübung von Konsum benötigt wird.

118 Kahneman & Deaton, 2010

119 Die genaue Fragestellung lautete übrigens im Original: »Did you experience the following feelings during a lot of the day yesterday? How about ______?«

120 Hershfield, et al., 2016

121 Layard, 2005) und Solnick & Hemenway, 1998

122 Ernst Ferstl (*1955), österreichischer Lehrer, Dichter und Aphoristiker – Quelle: »kurz und fündig«

123 Wahnbaeck & Roloff, 2017

124 Kondo, 2013

125 Der Begriff der »hedonic treadmill« wurde von den Psychologen Philip Brickman und Donald Campbell erstmals 1971 zur Benennung des beschriebenen Phänomens eingesetzt.

126 Der »Impact Bias« ist ein Begriff aus der Psychologie und stellt hier den Unterschied zwischen dem prognostizierten zukünftigen Glücksempfinden und dem in Zukunft tatsächlich empfundenen Glück dar. Bei den meisten materiellen Gütern ist dieser »Impact Bias« positiv, was bedeutet, dass der mit ihnen verbundene erwartete zukünftige Glückseffekt überschätzt wird. (Binswanger, 2006)

127 Bertrand Russell ist uns auch schon im Theaterstücke begegnet.
128 van Boven & Gilovich, 2003
129 Unter die Generation Y fallen alle, die in den 1980er und 1990er Jahren geboren wurden. Häufig werden insbesondere die jüngeren Mitglieder dieser Generation auch »Millenials« genannt. Die Generation Z ist ab Mitte/Ende der 1990er Jahre geboren. Die Abgrenzungen zwischen den Generationen sind nicht immer eindeutig und unterscheiden sich immer wieder je nach Quelle.
130 Peterson, et al., 2005; Schmitt, 2012
131 Unter »Evoked Set« (im Deutschen auch unter dem Begriff »Berücksichtigungsfeld« bekannt) versteht man die Menge einem Käufer bekannter Alternativen von Markenartikeln, auf die er bei einer Konsumentscheidung gedanklich zurückgreift.
132 Gallup, Inc., 2013
133 Oswald, Proto, & Sgroi, 2014
134 Gallup GmbH, 2014
135 In seinem Buch »Let my people go surfing – the education of a reluctant businessman« beschreibt Yvon Chouinard ausführlich die Philosophie seines Unternehmens, in dem Mitarbeiter durch ihre Arbeit zum persönlichen aber auch zum allgemeinen Glück beitragen können. Das genannte Zitat lautet auf Deutsch sinngemäß (Übersetzung durch den Autor): »Das Geheimnis des Glücks ist es, mit Leidenschaft zu arbeiten. Wenn du unglücklich sein willst, führe ein verzweifeltes Leben wie jeder andere, der jeden Tag seinen Hintern zur Arbeit schleppt, weil er seinen Job hasst.«
136 Hsieh, 2010
137 https://www.zapposinsights.com/about/zappos/press-kit/approved-images
138 Übersetzt lauten die 10 Kernwerte von Zappos in etwa:
1. Liefere ein »Wow«-Erlebnis durch Service
2. Mache Dir Wandel zu eigen und treibe ihn voran
3. Sorge für Spaß und ein wenig Verrücktheit
4. Sei abenteuerlustig, kreativ und offen für neue Ideen
5. Strebe nach Entwicklung und Lernen
6. Schaffe offene und ehrliche Beziehungen durch Kommunikation
7. Baue einen positiven Teamgeist und eine familiäre Atmosphäre auf
8. Erreiche mehr mit weniger
9. Sei begeistert und zielstrebig
10. Sei bescheiden
139 Eine PDF-Version des »Zappos Culture Book« kann unter https://www.zapposinsights.com/culture-book heruntergeladen werden.
140 Amy Wrzesniewski et al. sprechen im Englischen von »Job, Career, Calling«. Zur ausführlichen Beschreibung der einzelnen Kategorien auch vor dem Hintergrund einer empirischen Untersuchung siehe (Wrzeniewski, McCauley, Rozin, & Schwartz, 1997).
141 Wrzeniewski, McCauley, Rozin, & Schwartz, 1997
142 Strack, von der Linden, Booker, & Strohmayr, 2014
143 Christ & Schmidkonz, 2016
144 Poon Tip, 2013
145 Ben-Shahar, 2007
146 Hurst, 2014
147 Ben-Shahar, 2007
148 Mihaly Csikszentmihalyi ist uns schon im philosophischen wie auch im psychologischen Teil begegnet ist.
149 Csikszentmihalyi, 1990

## Kapitel 4
## Meditationen und andere Übungen – »Happiness practice«

150 Quelle aus einer CD von Rick Hanson »Meditationen, um das Gehirn zu verändern (Wie wir unsere Nervenbahnen neu verdrahten)«

# Stichwortverzeichnis